U0170614

计算机视觉中鲁棒几何模型拟合方法

肖国宝　王菡子　著

科学出版社

北　京

内 容 简 介

本书针对当前模型拟合方法存在的关键问题进行分析和研究，基于数据关系，分别对不平衡数据的敏感性、超图构建、模型选择的准确性以及确定性拟合方法的适用性等关键问题介绍一些新的模型拟合方法。本书所介绍的模型拟合方法在一定程度上解决了这些问题，为模型拟合方向的发展和研究提供了一些新的思路。

本书可供信息技术、计算机等专业的本科生和研究生使用，也可供从事相关工作的研究人员参考。

图书在版编目（CIP）数据

计算机视觉中鲁棒几何模型拟合方法 / 肖国宝，王菡子著. —北京：科学出版社，2022.9

ISBN 978-7-03-068790-6

Ⅰ. ①计…　Ⅱ. ①肖…②王…　Ⅲ. ①计算机视觉-研究
Ⅳ. ①TP302.7

中国版本图书馆 CIP 数据核字（2021）第 090739 号

责任编辑：孙伯元 / 责任校对：崔向琳
责任印制：吴兆东 / 封面设计：陈　敬

科学出版社 出版
北京东黄城根北街 16 号
邮政编码：100717
http://www.sciencep.com
北京凌奇印刷有限责任公司 印刷
科学出版社发行　各地新华书店经销

*

2022 年 9 月第　一　版　开本：720 × 1000　1/16
2023 年10月第二次印刷　印张：8 3/4
字数：173 000

定价：98.00 元

（如有印装质量问题，我社负责调换）

前　言

模型拟合是计算机视觉中一个重要的研究领域，是鲁棒统计学、机器学习和图像处理等多个学科的交叉研究方向。模型拟合的主要任务是有效地拟合观测数据中所蕴含的所有模型实例。观测数据中往往含有大量的离群点或者不平衡数据，且可能同时存在多个模型实例，因此，设计一个具有较好鲁棒性且能够有效拟合多结构数据的模型拟合方法具有很大的挑战性。近些年来，国内外许多学者提出了大量优秀的模型拟合方法。然而，当前的模型拟合方法在算法拟合准确性或计算速度上还远远无法满足实际需求。此外，能够提供一致性拟合结果的确定性拟合方法才刚刚起步，存在适用范围太窄的问题。

为解决模型拟合问题的主要技术难点，本书以数据关系为框架，介绍如何构建有效的简单图和超图模型来表示模型假设之间、模型假设与数据点之间的复杂关系。此外，本书还挖掘特征表观含有的先验信息用于表示数据点之间的关系。内容主要包括对不平衡数据的处理、超图的构建、模型选择准确率的提高和确定性算法适用性范围的扩展等。在此基础上，还介绍了一些新的模型拟合方法。主要内容和各章节安排如下。

第 1 章对模型拟合问题进行描述和定义，介绍模型拟合算法的基本框架，并依据拟合算法的主要组成步骤对国内外研究现状和发展趋势进行详细介绍。

第 2 章介绍一种基于简单图模式搜索的模型拟合方法。在特征空间中，不平衡数据往往会使模型拟合方法将来自较小结构的内点误认为是离群点，从而无法准确地拟合模型实例。基于简单图模式搜索的模型拟合方法通过简单图模型将特征空间的模型拟合问题转化为参数空间的模型拟合问题，从而能够直接对模型假设进行操作，可有效缓解算法对数据分布的敏感性。此外，该拟合方法还将模型假设的偏好分析引入到模式搜索算法中，以减弱无效模型假设对算法性能的影响。为了进一步缓解对不平衡数据的敏感性，该拟合方法通过随机游走算法对简单图的整体结构进行分析，避免算法陷入局部最优。

第 3 章介绍一种基于超图子图检测的模型拟合方法。基于超图子图检测的模型拟合方法通过构建超图模型来表示模型假设与数据点之间的复杂关系。该超图模型能够避免被转化为简单图，且能直接用于处理模型拟合问题，该方法通过超图模型将模型拟合问题转换为超图分割问题。

第 4 章介绍一种基于超图代表性模式搜索的模型拟合方法。该拟合方法主要关注模型拟合问题中模型选择的有效性。该拟合方法通过在参数空间中构造超图模型，将模型拟合问题转化为超图的模式搜索问题。

第 5 章介绍一种基于超图建模与超图分割相融合的模型拟合方法。相比简单图，超图能够更有效地表示模型拟合问题中模型假设与数据点之间的复杂关系。超图的有效性与指导性采样方法的性能直接关联。然而，当前的指导性采样方法存在大量的问题。该拟合方法融合当前不同类型指导性采样方法的优势，并克服它们的缺点，生成高质量的模型假设，以构造简单且有效的超图模型。

第 6 章介绍一种基于连续性潜在语义分析的模型拟合方法。该拟合方法同时关注模型拟合问题中的拟合精度和计算速度。该拟合方法首次提出了融合连续性偏好分析和潜在语义分析，用于构造潜在语义空间。通过该空间，将输入数据中的离群点映射到原点附近而来自不同模型实例的内点映射到各自的子空间中。此外，该拟合方法通过分析潜在语义空间中的数据分布特征，阐述了一种自适应的离群点去除策略和一种简单有效的子空间恢复策略。

第 7 章介绍一种基于超像素的确定性模型拟合方法。前面的拟合方法均是基于随机性的拟合方法，无法提供一致性的拟合结果。基于超像素的确定性拟合方法通过分割超像素将特征表观含有的先验信息融入到模型拟合问题中。

鲁棒模型拟合是计算机视觉理论及应用的核心关键技术之一。本书探索的模型拟合方法为其理论和应用提供了一种实用有效的解决方案。相信随着更多研究者的努力，模型拟合的理论将更加完善，应用将更为广泛。

限于作者水平和时间，书中不足之处在所难免，恳请读者和同行不吝指正。

目　录

第1章 绪　论

1.1 引　言

模型拟合在统计学领域有着很长的发展历史。随着交叉学科的发展，模型拟合还涉及图像处理、机器学习、人工智能等多方面的理论与技术[1,2]。模型拟合是计算机视觉领域的一个基础学科，为该领域的其他任务提供可靠的研究依据。当前国内外高校和科研机构对计算机视觉越来越重视，而模型拟合也在扮演着越来越重要的角色。其研究成果广泛发表在 *IEEE Transaction on Pattern Analysis and Machine Intelligence*、*International Journal of Computer Vision*、*Pattern Recognition*、*IEEE Transaction on Image Processing*、*IEEE Transaction on Circuits and Systems for Video Technology* 等国际权威期刊和 IEEE International Conference on Computer Vision、IEEE Conference on Computer Vision and Pattern Recognition、European Conference on Computer Vision 和 Conference and Workshop on Neural Information Processing Systems 等国际顶级会议上。

人类主要通过听觉和视觉感知外部世界，其中 80%以上的信息是通过视觉获得。随着科学的发展和社会的进步，计算机已经成为人类日常生活和工作不可或缺的重要工具。为了赋予计算机以人类视觉的感知功能，使其具备处理视觉信息的能力，一门新兴的学科——计算机视觉获得了广泛的关注。过去几十年，在日常生活中出现了大量基于计算机视觉的产品。例如，车牌的自动识别、数码相机的人脸检测和美化、汽车的无人驾驶、全景图合成等。

如何让计算机从图像中提取有效的信息，对计算机视觉非常重要。在大部分情况下，这些有效的信息可以通过参数模型来表示[3,4]。而模型拟合，是指从一组观测数据中估计合适的模型参数，能够用于估计参数模型。由此可见，模型拟合在计算机视觉中具有重要的地位。当前，模型拟合方法可以被用于许多计算机视觉应用中。比如，三维重构[5-9]、图片拼接[10-12]、运动分割[13-17]、目标识别[18-21]等。随着机器学习、图像处理、鲁棒统计学等研究领域的发展与交叉，模型拟合[22-25]已经取得了很大的发展。

然而，在现实中，输入的数据集往往比较复杂，且不可避免地含有一些噪声点。比如在数据采集、归纳、整理等过程中，均有可能造成一些数据缺失或编辑错误。这必然会产生一些噪声数据(不属于任何一个模型实例的离群点)。同时，数据集中也可能同时存在多个模型实例。在未知模型实例数量和各自内点比例的情况下，模型拟合问题的难度进一步增加。此外，多个模型实例之间也会相互干扰，因为其中一个模型实例的内点，对其他模型实例来说属于伪离群点[26]。上述因素对模型拟合算法的鲁棒性和有效性都提出了很大的挑战。更重要地是，大数据发展的趋势，要求模型拟合算法具有较低的计算时间复杂度。

为了阐述本书所解决的问题，本节首先介绍标准的直线拟合问题。如图 1.1 所示，输入的数据为未知数量的模型实例(直线模型)、未知比例的内点和离群点。基于该示例，一个鲁棒的模型拟合方法应该能够有效地拟合出数据集中所有的模型实例，并估计其数量和参数(对于一条直线 $ax+by+c=0$，它相应的参数为$[a,b,c]$)，同时准确地区分内点和外点。

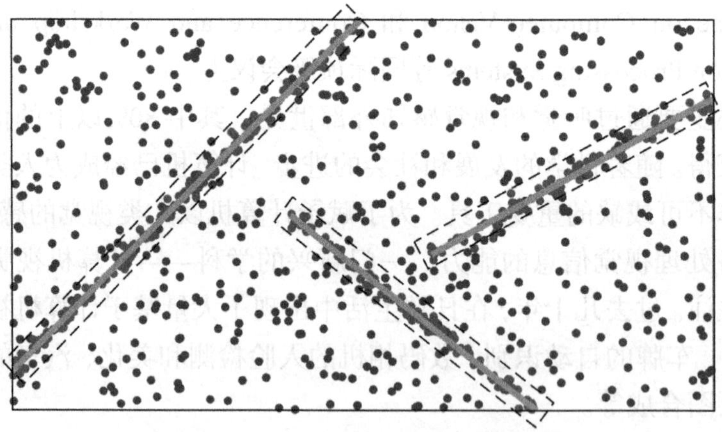

图 1.1　本书所阐述的模型拟合问题示例

直线表示拟合的直线模型；虚线框内的点表示内点；其他点表示离群点

接着，本节介绍标准的圆形拟合问题。如图 1.2 所示，输入的数据为未知数量的模型实例(指圆形)和未知比例的内点和离群点。基于该示例，一个鲁棒模型拟合方法应该能够有效地拟合出数据集中所有的模型实例并估计其数量和参数(对于一个圆 $(x-a)^2+(y-b)^2=r^2$，它相应的参数为 $[a,b,r]$，即中心点坐标 (a,b) 和半径 r)，并同时准确地区分内点和离群点。本节所述的模型拟合方法不限于人造数据，还包含真实图像数据。

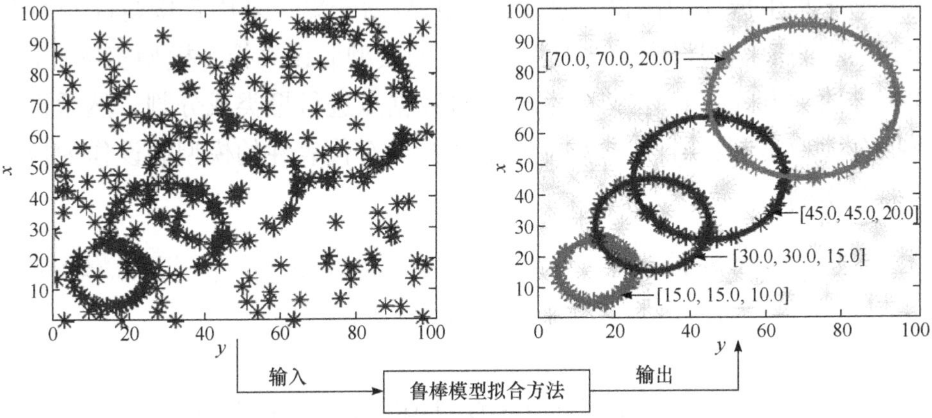

图 1.2　本书所阐述的模型拟合问题中圆形拟合示例。其中，输入的数据点分布在 $[0,100]$，含有四个不同半径的圆和大量的离群点；输出的数据中来自真实模型实例的内点为靠近圆的数据，其他为离群点

如图 1.3 所示，在一个图像对上进行单应性平面估计。对于输入图像对，通过特征提取方法提取特征点，然后进行初始匹配。模型拟合的目标就是估计出该图像对的单应性平面的具体参数，然后对匹配进行分类。

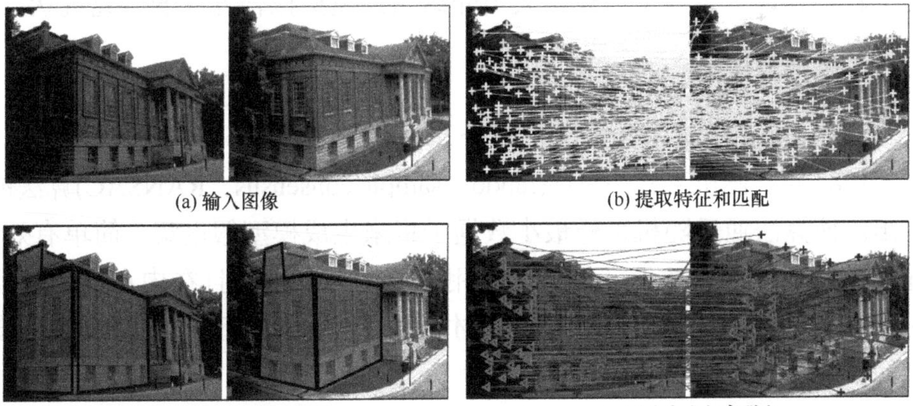

(a) 输入图像　　(b) 提取特征和匹配

(c) 估计单应性　　(d) 区分内点与离群点

图 1.3　本书所阐述的模型拟合问题中单应性估计示例。其中，(a)为输入的两张不同视图的图片对比；(b)为关键特征提取和相应的匹配；(c)中两个平面表示拟合的单应性平面模型；(d)中圆形和正方形的匹配对表示相应模型的内点；加号的匹配对表示离群点

传统的模型拟合方法[22,27-30]主要步骤如图 1.4 所示。①采样一系列的最小数据子集，这里的最小数据子集是指要拟合一个模型所需要的最少数据集。比如，拟合一条直线，需要采样两个数据点；拟合一个圆形，需要采样三个数据点；拟合一个单应性，需要采样四个数据点。②基于采样的数据子集生成模型假设。基于输入的数据子集，采用直接线性变换[31]计算相应的模型假设参数。③基于生成的模型假设集拟合模型实例。步骤③包含两种方式：a) 在特征空间中对数据点进行聚类或分割，然后再进行拟合模型实例；b) 在参数空间中选择最有代表性的模型假设作为拟合的模型实例。

图 1.4　传统模型拟合方法的主要步骤

1.2　模型拟合方法的分类与难点

从模型拟合方法的主要步骤出发，模型拟合方法主要分三大类，即采样算法[23,27,32-41]、模型选择算法[22,23,28,29,42-57]和采样与模型选择融合算法[25,30,58-60]。此外，还有一些模型拟合方法[48,61-63]，主要对用于区分内点和离群点的内点噪声尺度进行研究，如图 1.5 所示。但该方向与其他学科交叉较多，以下主要从上述三大类介绍当前模型拟合方法的研究现状。

1.2.1　采样算法

当前，除了随机采样算法[27]以外，其他算法均可以归为指导性采样算法。1981 年，随机采样一致性(random sample consensus，RANSAC)算法被提出。该算法通过随机采样最小数据子集来生成模型假设集。简单有效，并且具有很好的鲁棒性，但只能适用于单结构数据，且在内点比例较低时，需要采样较大数目的数据子集才能保证生成对应真实模型实例的模型假设。

当前的指导性采样算法[23,32-41]主要利用空间信息、匹配信息和其他条件限制来指导整个采样过程。其中，基于空间信息的指导采样算法[32-34]充分利用了在数据的空间域中内点之间会更加紧密的先验信息对数据子集

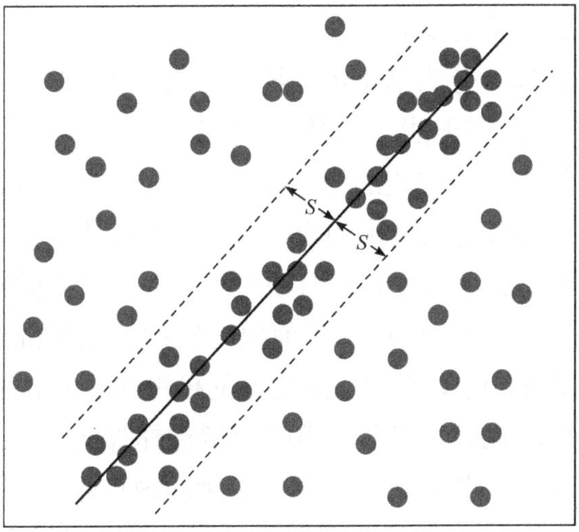

图 1.5 内点噪声尺度用于直线拟合示例。当一个数据点到直线的距离小于内点噪声尺度 S，则它被认为是相应直线(图中实线)的内点(图中虚线中间的点)，反之则被认为是离群点(图中虚线外的点)

进行采样。也就是说，在找到一个内点后，其他内点可以从其周围局部区域内进一步搜索得到。该类型的指导采样算法能够在一定程度上快速地采样到全内点数据子集。但当离群点比例较高时，周围局部区域内也含有大量的离群点，会严重影响该类型指导采样算法的有效性。基于匹配信息的指导采样算法[35-38]主要利用双视图中匹配对的质量评估信息来指导采样。换句话说，匹配分数越高的匹配对被采中的概率就越大。该类型的指导采样算法能够有效提高采样的速度。然而，在处理多结构数据时，来自不同模型实例的匹配对会对采样算法产生严重干扰。基于其他条件限制的指导采样算法[23,39-41]，通过分析已采样到的数据子集含有的统计信息来指导下一步的采样。但是，只有在已采样到的数据子集含有较多内点的条件下，对其进行分析才有意义；反之，将会误导下一步采样。然而，当前的指导采样算法并无法保证采样的数据子集一定含有较多的内点。

1.2.2 模型选择算法

对于单结构数据，最简单直接的方法是选取有意义的模型假设作为拟合的模型实例[27]。然而，如何有效地区分内点和离群点是一个很大的挑战。此外，在很多情况下，数据集中不可避免地会同时存在多个真实的模型实例，这也会带来很大的挑战。

对于多结构数据，分为基于传统统计方式[22,28,42,43]、基于聚类[23,50-52]、基于参数空间[46-49]、基于能量函数[29,44,45]和基于图论[53-57]的模型选择算法。其中，基于传统统计方式的模型选择算法[22,28,42,43]通过设定拟合的标准(如内点的数目等)来选取最优的模型假设，接着从数据集中去除相应的内点，重复拟合模型，直到找到所有模型实例。该类型的模型选择算法采用了“拟合-去除”框架。然而，当前模型实例的选择准确性会直接影响到下一个模型实例的选择。此外，该类型的模型选择算法还要求重复地生成模型假设集，比较耗时。基于聚类的模型选择算法[23,50-52]通过分析数据点之间的关系，试图将来自同一个模型实例的内点聚成较大类的同时，将离群点聚成多个小类。该类型的模型选择算法对内点噪声尺度不太敏感，往往很难处理处于交叉位置的数据点。基于参数空间的模型选择算法[46-49]直接分析模型假设，从中选取最优的模型假设作为拟合的模型实例。该类型的模型选择算法对数据分布不太敏感。相比其他内点的模型选择算法，其在算法准确性上也有一些明显的优势。但该类型的模型选择算法对模型实例的选择准确性要求较高，因为内点和离群点的区分完全依赖于拟合的模型实例和相应的内点噪声尺度。基于能量函数的模型选择算法[29,44,45]将模型拟合问题转化为标签分配问题，通过优化目标函数来选取最优的标签分配。该类型的模型选择算法对算法的收敛要求较高，此外一般还含有比较多的参数。因此，对于不同的数据集，往往需要手工调整参数。基于图论的模型选择算法[53-57]将模型拟合问题转化到图论中的一些优化问题。当前的该类型模型选择算法在准确性上和计算速度上还存在一些问题，没有充分发挥出图论的优势。

1.2.3 采样与模型选择融合算法

随着模型拟合算法的快速发展，当前已有学者提出将采样与模型选择相融合的拟合算法[25,30,58-60]。该类型的拟合算法试图充分结合采样与模型选择之间的信息，提高算法的整体性能。比如，文献[30]、[58]提出采用随机聚类模型的方式生成模型假设，并通过能量优化过滤这些模型假设。同时，分析选取的模型假设信息指导下一步的采样。该算法将采样与模型选择很好地融合在一起。然而，初始生成的模型假设会影响到算法的收敛速度和拟合性能。当前也有一些确定性拟合算法[25,59,60]通过全局优化目标函数，确定性地得到一致的拟合结果。然而，全局性优化非常耗时，且很难处理多结构数据。

1.2.4　存在的问题和难点

国内外专家学者对模型拟合理论和方法进行了深入的研究，提出了许多拟合算法。然而，已有的拟合算法还远远无法满足实际工程的需求。当前，模型拟合算法所面临的主要困难如下。

(1) 对不平衡数据的敏感性问题。这里的不平衡数据是指来自不同模型实例的内点数目存在很大的偏差。在对含有不平衡数据的数据集进行拟合模型时，往往会陷入局部最优，无法准确地拟合含有较少数目内点的模型实例。此外，离群点的存在进一步加大了在不平衡数据中拟合的难度。在真实数据中，无法保证得到的数据集一定是相对平衡的。因此，如何有效处理不平衡数据的敏感性问题对模型拟合算法具有很重要的意义。

(2) 基于超图的模型拟合算法中超图构建问题。相比简单图，超图能表示更加复杂的关系，有利于提高算法的准确性。然而，当前基于超图的模型拟合算法在构建超图时只用到了 k-均匀超图(即每条超边连接相同数目的顶点)，这显然无法完全表示出模型假设与数据点之间的复杂关系。此外，有些算法将超图转化为简单图，以降低超图的复杂性问题，但同时也会带来信息损失，进而影响拟合算法准确性。超图的引入有利于提高拟合算法准确性，但同时也会带来计算时间较长的问题。因此，如何有效构建超图模型对模型拟合问题具有重要的意义。

(3) 基于参数空间的模型拟合算法中模型选择的准确性问题。基于参数空间的模型拟合算法能够减缓算法对数据分布的敏感性，但对模型选择的准确性提出了很大的挑战。换句话说，一旦拟合的模型实例与真实的模型实例有所偏差，其相应估计的内点与真实的内点将会出现很大的偏差。因此，如何在参数空间中准确地选取模型实例，将对拟合准确性产生重要的影响。

(4) 如何提高采样方法的采样质量。采样方法的采样质量直接影响后期的模型选择方法的有效性。然而，当前的采样方法无法很好地平衡最小子集质量和数量的问题。因此，如何采样到少量且高质量的最小子集对提高模型拟合方法的拟合精度和计算速度具有直接影响。

(5) 如何平衡拟合方法的拟合精度和计算速度。当前的拟合方法中，有些具有较好的拟合精度，而有些具有较快的计算速度。然而，这些拟合方法无法有效地平衡拟合精度和计算速度。在实际应用中，需要一个既快又准的拟合方法。因此，如何平衡拟合方法的拟合精度和计算速度对模型拟合在实际应用中的推广具有重要的意义。

(6) 确定性拟合算法的适用性问题。确定性拟合算法能够提高可靠的拟合结果，具有很好的可跟踪性。但是，困扰确定性拟合算法的最大问题是计算时间复杂度过高。全局性优化虽然能保证最优的拟合结果，但其时间复杂度太高，尤其是针对大数据，该缺点将更加突出。此外，当前的大部分确定性算法只能处理单结构数据。然而，真实数据中不免会同时含有多个模型实例。因此，延伸确定性拟合算法的适用范围将会有重要的意义。

第 2 章　基于简单图模式搜索的模型拟合方法

2.1　引　　言

目前现有的模型拟合方法很少能够有效地处理不平衡数据。然而，不平衡数据在真实数据中却比较常见。针对这个问题，将特征空间转化为参数空间来解决模型拟合问题，可有效缓解拟合算法对数据分布的敏感性。

模式搜索是一种简单有效的数据分析技术，已被大量地应用到聚类中，比如文献[64]～[70]。其中，Mean-Shift[67]和 Medoid-Shifts[69]是两种经典的无参模式搜索算法。但这些传统的模式搜索算法通常被局限于度量特征空间。最近，有学者提出将模式搜索扩展到图域中[65,66,68]。比如，文献[66]提出一种顶点漂移策略，称为权威上升漂移(authority-ascent shift，AAS)。AAS 在精度和速度上相比其他基于图的聚类算法表现更优，尤其是对一些比较复杂的数据。此外，当前也有一些基于模式搜索的模型拟合算法，比如霍夫变换(Hough transform，HT)[46]和随机霍夫变换(randomized Hough transform，RHT)[47]。HT 是一种基于投票的方法，将大量模型参数离散化成多个格子，并用数据点对格子进行投票。HT 假定获得越多投票的格子，其对应的拟合参数越有可能是数据集中真实的模型实例。最后，票数大于一定阈值的格子即为被搜索到的模式，也就是所拟合的模型实例。但 HT 采用数据点进行投票将会比较耗时。针对这个问题，RHT 对 HT 进行扩展，通过随机采样生成模型假设，并用生成的模型假设取代数据点对离散化的格子进行投票。这些基于模式搜索的模型拟合算法能够在参数空间中拟合出模型实例，并估计模型实例的数目。然而，当生成的模型假设集中含有较高比例的无效模型假设时，这些拟合算法得到的投票信息准确性不高，也将直接影响拟合的效果。

偏好分析在统计学中引起了越来越多的关注[71,72]。偏好分析所含有的排序信息能够有效反映所观测目标的质量信息。当前，也有很多学者将偏好分析引入到模型拟合问题中[41,50,73,74]。比如，文献[41]、[50]提出通过分析数据点的偏好来挖掘数据点之间的关联，并将其应用于模型拟合算法KF(kernel fuction)[50]和指导采样算法 Multi-GS[41]中。文献[73]、[74]提出通过分析模型假设的偏好来挖掘模型假设之间的关联，并应用到模型假设的生成中[73]。

本章将介绍一种新型的基于简单图模式搜索的模型拟合方法(graph-based mode-seeking fitting method，GMSF)，用于在参数空间中拟合和分割多结构数据。GMSF 将模型拟合问题转化为简单图的模式搜索问题。在所构造的简单图模型中，每个顶点用于表示一个模型假设，同时每条边用于表示相应模型假设之间的相似性。该相似性通过偏好分析的残差排序信息推导得到。为了解决简单图的模式搜索问题，本书在 AAS[66]基础上介绍了一种改进版的 AAS*。AAS*通过随机游走算法来分析简单图的整体结构，能够有效避免拟合算法陷入局部最优。这将进一步缓解拟合算法对不平衡数据的敏感性。此外，AAS*充分利用偏好分析的残差信息来计算随机游走中游走者访问顶点的概率，可有效提高拟合算法的整体性能。本章所提出的方法拟合直线的主要步骤如图 2.1 所示。

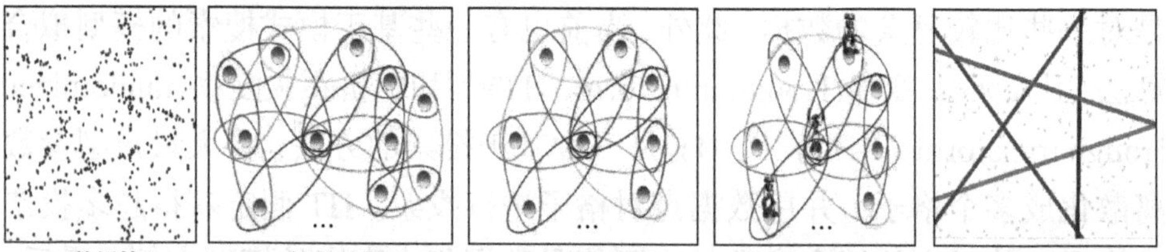

图 2.1　本章所介绍的拟合方法应用于直线拟合的主要步骤。(a)含有五个模型实例和一些离群点的输入数据；(b)简单图模型(每个顶点表示一个模型假设，而每条边表示相应模型假设之间的相似性)；(c)通过选取对应有效的模型假设的顶点进行简单图剪枝；(d)通过随机游走算法进行模式搜索；(e)最后获得的拟合结果

本章所阐述的 GMSF 主要内容归结如下。①GMSF 在简单图基础上解决模型拟合问题，并用随机游走算法来分析简单图的整体结构，用于缓解拟合算法对不平衡数据的敏感性。②GMSF 有效利用模型假设的偏好信息来表示简单图中的顶点之间复杂的关系。这将减少无效模型假设对模式搜索算法的影响。③GMSF 将 AAS*引入到模型拟合问题中。这取代

了基于传统模式搜索的拟合算法(如 HT 和 RHT)的投票机制，进一步提高拟合算法对无效模型假设的鲁棒性。总体来说，本章所阐述的基于简单图模式搜索的模型拟合算法能够有效地针对多结构数据(即使含有大量的离群点)同时拟合模型实例的参数和数目。实验结果表明，本章所提出的算法在人工数据和真实图像中比当前几种流行的模型拟合算法能够取得更好的拟合效果。下面将详细介绍本章的模型拟合算法。

2.2 算法描述

结合模型假设的偏好分析，本章提出了基于简单图模式搜索的模型拟合方法。该方法能够有效地缓解算法对不平衡数据的敏感性。接下来将介绍模型拟合方法的主要原理。

2.2.1 简单图建模

一个简单图 $G=(V,E,W)$ 由顶点集合 V、边集合 E 和权重 W 组成。本章将在参数空间里处理模型拟合问题。因此，每个模型假设对应 G 中的一个顶点。而每条边 $e(i,j)\in E$ (连接顶点 v_i 到顶点 v_j)被分配一个权重 $w(i,j)\in W$。

1. 边的权重度量

本章使用随机游走理论[75]分析简单图结构。而在随机游走框架中，游走者按照与边的权重成正比的概率从一个顶点游走到另外一个顶点。所以，如果两个顶点具有较高相似性(例如，它们对应的模型假设含有比较多的共同内点)，那么连接它们的边需要被赋予比较大的权重值，反之则赋予这些边比较小的权重值。按照此规则，边的权重被合适地度量，游走者才能够有效地搜索模式。

本章提出用模型假设的偏好信息来度量边权重。假定输入 N 个数据 $X=\{x_i\}_{i=1}^{N}$ 和 M 个模型假设 $\theta=\{\theta_j\}_{j=1}^{M}$。那么，对每个模型假设 θ_j，它到 N 个数据点的残差绝对值组成一个残差向量：

$$r_j=\left[r_j^1,r_j^2,\cdots,r_j^N\right] \tag{2.1}$$

式中，$r_j^i = \left|F\left(x_i, \theta_j\right)\right|$，$F(\cdot)$是残差计算函数。残差计算函数随着拟合的模型的不同而变化。以拟合直线为例，对于一个数据点$(x_{i,1}, x_{i,2})$和一条直线$\theta_j([abc])$，残差计算函数可以写为

$$F\left(x_i, \theta_j\right) = \left|\frac{ax_{i,1} + bx_{i,2} + c}{\sqrt{a^2 + b^2}}\right| \tag{2.2}$$

为了进一步区分内点和离群点，本章对残差向量进行非降排序，并得到一个偏好列表：

$$L_j = \left[l_j^1, l_j^2, \cdots, l_j^N\right] \tag{2.3}$$

式中，$r_j^{l_j^1} \leqslant r_j^{l_j^2} \leqslant \cdots \leqslant r_j^{l_j^N}$。式(2.3)说明，排序越靠前的数据点，其属于模型假设θ_j内点的概率就越大。

类似于文献[41]计算两个数据点之间的重合率，本章定义两个模型假设(θ_p和θ_q)的重合率如下：

$$f\left(\theta_p, \theta_q\right) = \frac{1}{h}\left|L_p^{1:h} \cap L_q^{1:h}\right| \tag{2.4}$$

式中，$\left|L_p^{1:h} \cap L_q^{1:h}\right|$表示在集合$L_p^{1:h}$和$L_q^{1:h}$中相同元素的数目。在式(2.4)中，$h(1 \leqslant h \leqslant N)$表示被观测的数据点的数目。

直观上说，如果两个模型假设比较相似，那么它们的重合率就越大，也就是说，它们在各自的偏好列表靠前的元素中含有比较多相同的数据点。因此，对于简单图G，将边$e(i, j)$的权重$w(i, j)$设置为相应两个模型假设(θ_i和θ_j)的重合率，即$w(i, j) = f\left(\theta_i, \theta_j\right)$。

2. 简单图剪枝

在简单图G，每个顶点表示一个模型假设。大部分采样方法都会生成大量无效的模型假设，这些无效模型假设对应的顶点会影响拟合算法的性能。所以，本章提出通过选取有效模型假设所对应的顶点对简单图进行剪枝。

首先，本章基于无参核密度估计技术(non-parametric kernel density estimate technique)[76]来评估每个模型假设的质量，并赋予每个模型假设

θ_j 一个权重分数[48]：

$$\hat{\phi}\left(\theta_j\right)=\frac{1}{N}\sum_{i=1}^{N}\frac{\mathrm{KM}\left(r_j^i/\hat{b}_j\right)}{\tilde{s}_j\hat{b}_j}, \tag{2.5}$$

式中，$\tilde{s}_j$ 表示模型假设 θ_j 对应的内点噪声尺度(采用 IKOSE[48]计算)；$\mathrm{KM}(\cdot)$ 表示经典的 Epanechnikov 核函数[76]：

$$\mathrm{KM}(\lambda)=\begin{cases}0.75\left(1-\|\lambda\|^2\right), & \|\lambda\|<1\\ 0, & \|\lambda\|\geqslant 1\end{cases} \tag{2.6}$$

$\hat{b}_j$ 表示一个带宽值，并定义[76]为

$$\hat{b}_j=\left[\frac{243\int_{-1}^{1}\mathrm{KM}(\lambda)^2\,\mathrm{d}\lambda}{35N\int_{-1}^{1}\lambda^2\mathrm{KM}(\lambda)\,\mathrm{d}\lambda}\right]^{0.2}\tilde{s}_j \tag{2.7}$$

式(2.5)能够有效地分析残差信息，使含有更多比较小残差值的模型假设被赋予更高的权重分数。所以，含有比较高权重分数的模型假设更为有效。可以通过设定阈值的方法去除无效的模型假设。本章采用经典的 EM(expectation-maximum)算法[77]来设定阈值，因为 EM 算法能够快速有效地处理二分问题(分为有效的假设和无效的假设)。具体地说，通过分析这些模型假设的权重分数分布来选择阈值。类似于 KF[50]用 EM 算法去除离群点的方式，拟合一维的混合高斯模型如下[50]：

$$G(x)=\sum_{a=1,2}\hat{\pi}_a\hat{N}\left(x|\mu_a,\varphi_a\right) \tag{2.8}$$

式中，$\hat{\pi}_a$ 表示混合系数；$\hat{N}$ 表示均值 μ_a 和标准差 φ_a 的高斯函数。选定二分阈值为 $\tau=0.5\left(\mu_1+\mu_2\right)$。其中，含有大于阈值的权重分数的模型假设被认为是有效的模型假设；反之，则是无效的模型假设。

按照上述做法，可对无效模型假设的顶点进行剪枝，有效地减少无效模型假设对所提出的模型拟合算法的影响。

2.2.2　简单图上模式搜索算法

在 2.2.1 节所构建的简单图基础上，本节阐述一种新型的模式搜索算

法(AAS*)来寻找权威模式(指简单图中那些含有局部最大权重分数的顶点)。AAS*的主要思路是将偏好分析和信息理论引入到经典模式搜索算法AAS[66]中。

受到文献[66]的启发，在简单图中本节使用权威上升方向搜索模式。对于顶点v_i，它的权威上升函数被定义为

$$\Re(v_i) = \arg\max_{v_j \in C(v_i)} p(v_i, v_j) \nabla_\phi(v_i, v_j) \tag{2.9}$$

式中，$p(v_i, v_j)$表示随机游走中游走者从顶点v_i到顶点v_j转换的概率；$\nabla_\phi(v_i, v_j) = \left|\phi(v_j) - \phi(v_i)\right|$表示顶点$v_i$到顶点$v_j$权威增量，$\phi(v_i)$表示顶点$v_i$被游走者访问的概率；$C(v_i)$表示一组在简单图中顶点$v_i$的局部区域的邻居成员。

式(2.9)中，两个顶点之间的转换概率为

$$p(v_i, v_j) = w(i, j)/d(v_i) \tag{2.10}$$

式中，$d(v_i) = \sum_{v_i \in v} w(i, j)$是顶点$v_i$的度。

式(2.9)中，定义顶点v_i被游走者访问的概率为

$$\phi(v_i) = \hat{\phi}(v_i) / \sum_{v_j \in v} \hat{\phi}(v_j) \tag{2.11}$$

式中，$\hat{\phi}(v_i)$表示顶点v_i所对应的模型假设的权重分数(根据式(2.5)评估)。基于式(2.11)，越有效的假设所对应的顶点被游走者访问的概率就越高。

在简单图每个顶点的局部区域的邻居成员中，游走者可以通过式(2.9)找到含有权威增量最高期望值的顶点。所以，对局部区域邻居成员的定义将会限定游走者可能漂移的范围，可以通过计算顶点之间的关联度来判断它们是否为邻居。对于顶点v_i，计算另外一个不同顶点v_j与它的关联度，计算公式为[66]

$$\pi(v_i, v_j) = d(v_i) p(v_i, v_j) \exp(-\gamma \nabla_\phi(v_i, v_j)^2) \tag{2.12}$$

式中，γ为控制权威平滑项。

通过式(2.12)，可计算简单图中所有顶点与顶点v_i之间的关联度。然后根据关联程度来判定其他顶点是否为v_i的邻居，也就是说，关联度越高

的顶点为 v_i 的邻居的概率就越大。接着可设定一个阈值来选择邻居成员。为了提高算法的鲁棒性，本书引入文献[78]提出的信息理论方法来自动设定阈值。这主要是因为文献[78]提出的信息理论方法能够在保留最有意义成员的同时忽略无效成员的影响，从而保证信息最大化。

此处，本章基于信息理论来有效地选择邻居成员。具体地说，给定顶点 v_i 和其他所有顶点与它的关联度 $\{\pi(v_i,v_j)\}_{v_j\in v}$，首先计算任何一个顶点 v_s 的先验概率。其次设定 $\ell v_s=\max\{\pi(v_i,v_j)\}_{v_j\in v}-\pi(v_i,v_s)$ 表示最大关联度与 v_s 和 v_i 的关联度之间的差值。那么，顶点 v_s 的先验概率 ℓv_s 为

$$\rho(\ell v_s)=\frac{\ell v_s}{\sum\limits_{v_i\in v}\ell v_i} \tag{2.13}$$

并计算其相应的熵为

$$L=-\sum_{v_s\in v}\rho(\ell v_s)\log\rho(\ell v_s) \tag{2.14}$$

式(2.14)计算的熵 L 用于衡量顶点关联度含有可用信息内容的程度。因此，选择顶点 v_i 的区域邻居成员为

$$C(v_i)=\{v_s\in v \mid L+\log\rho(\ell v_s)<0\}\cup\{v_i\} \tag{2.15}$$

算法 2.1 总结了所提出的模式搜索算法 AAS*。AAS*可以从任何一个顶点收敛到一个稳定的分布，相关的证明可以参考文献[66]。与文献[66]提出的 AAS 相比，AAS*有三点重要的改进。①AAS*对 AAS 进行推广，将其扩展到处理模型拟合问题。②AAS*引入信息理论自动控制每个顶点的局部区域邻居范围。相反地，AAS 需要人工设置阈值。这将提高算法对不同数据集的适用性。③AAS*降低了算法时间复杂度，从而进一步提高了算法的效率。也就是说，AAS*在线性时间复杂度内结合偏好分析计算随机游走中游走者访问顶点的概率，具有较高的计算效率。而 AAS 计算访问概率时需要大量的迭代。

算法 2.1　简单图上的模式搜索算法(AAS*)

输入： 简单图 G，权威平滑系数 γ。

输出： 权威模式和所有顶点的权威模式标签。

1. 利用式(2.10)计算图 G 的顶点之间的转换概率矩阵。
2. 根据式(2.11)估计随机游走中游走者访问图 G 中所有顶点的概率。
3. 根据式(2.15)确定每个顶点的局部区域邻居成员。
4. 利用式(2.9)根据权威上升漂移策略获得权威模式集。
5. 根据相应的权威模式获取所有顶点的标签。

2.2.3 互信息理论的模式融合

2.2.2 节所提出的 AAS*能够用来寻找有效的模型假设所对应的权威模式。然而，在找到的权威模式中，经常会出现多个权威模式对应数据集中同一个模型实例。所以，本小节提出一种融合方法将多个对应同一个模型的权威模式进行合并。类似于文献[48]，本章采用互信息理论(mutual information theory，MIT)[79]融合权威模式。这主要是基于如下的观察：如果两个模式对应同一个模型实例，那么它们之间的交互信息值就会很大；反之，就会很小。在模型拟合中，交互信息值指的是来自两个模型假设的内点分布的相似性程度。

两个权威模式的交互信息值的大小可以通过以下公式计算[48]：

$$Q(v_s,v_t)=\rho(v_s,v_t)\log\frac{\rho(v_s,v_t)}{\rho(v_s)\rho(v_t)} \tag{2.16}$$

式中，

$$\frac{\rho(v_s,v_t)}{\rho(v_s)\rho(v_t)}=\frac{N\sum_{e\in E}\rho(e|v_s)\rho(e|v_t)}{\sum_{e\in E}\rho(e|v_s)\sum_{e\in E}\rho(e|v_t)} \tag{2.17}$$

且 $\rho(e|v)=\frac{1}{\tilde{s}_v}\exp\left(-\frac{(r_e^v)^2}{2\tilde{s}_v^2}\right)$。此外，$\rho(v)$ 表示权威模式 v 的概率。

算法 2.2 总结了互信息理论的模式融合算法。该算法中，如果权威模式之间的交互信息值比较大，那么其中一个权威模式将会被融合到比它权重分数高的权威模式中。这将有利于本章所介绍的模型拟合方法准确地估计模型实例的个数。

算法 2.2　互信息理论的模式融合算法(MIT)

输入： 简单图 G 和权威模式集。

输出： 所有顶点的权威模式标签。

1. 根据式(2.5)所评估的权重分数按照从小到大对输入的权威模式集进行排序，并用 $\hat{V}=\{v_1,v_2,\cdots,v_m\}$ 表示排序后的权威模式集。
2. 根据式(2.16)计算权威模式集中两两之间的交互信息值 Q。
3. for $i=1$ **to** $\hat{m}-1$ do
4. 　if $v_{j^*}=\arg\max\{Q(v_i,v_j)\}_{j=i+1,\cdots,\hat{m}}$ 且 $Q(v_i,v_{j^*})>0$ do
5. 　　将权威模式 v_i 的标签修改成权威模式 v_{j^*} 的标签。
6. 　　将权威模式 v_i 从权威模式集 $\hat{V}$ 中移除。
7. 　end if
8. end for
9. 根据融合完的权威模式更新图 G 所有顶点的权威模式标签。

为了更加直接地显示 MIT 对模型拟合算法的影响，本章在数据集“star5”(图 2.1(a))进行直线拟合。如图 2.1(e)所示，本章所介绍的模型拟合算法能够有效地估计模型实例的个数。然而，在没有使用 MIT 时会出现多个模型假设对应同一个模型实例，如图 2.2 所示。

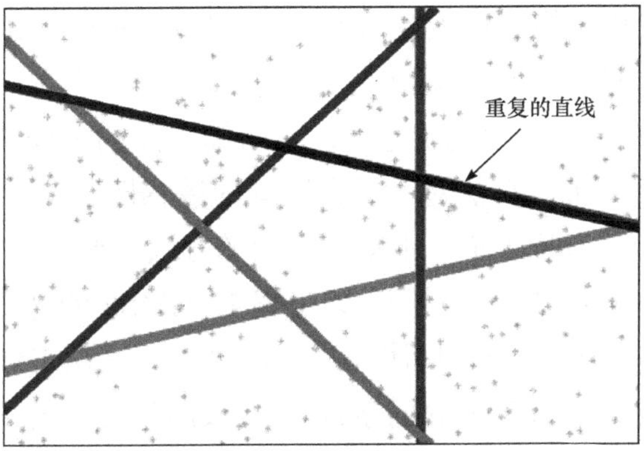

图 2.2　直观显示 MIT 对本章所提出的模型拟合算法影响的示例

箭头所指的直线对应真实结构中的同一个模型实例

2.2.4 本章所介绍的模型拟合方法

本书结合本章前面所有小节所描述的内容，在算法 2.3 中完整地总结了 GMSF。GMSF 主要由三个部分组成：简单图建模(如 2.2.1 节所述)、模式搜索算法(如 2.2.2 节所述)和模式融合(如 2.2.3 节所述)。

算法 2.3 基于简单图模式搜索的模型拟合方法(GMSF)

输入： 数据集 X，偏好分析观测数据点的总数 h。

输出： 权威模式(拟合的模型实例)和相应的数据点标签(属于每个模型实例的内点标签和离群点标签)。

1. 基于输入数据点 X 生成一定数量的模型假设。
2. 构建简单图模型，并进行边权重度量和图剪枝(如 2.2.1 节所述)。
3. 根据算法 2.1 所述进行简单图上模式搜索，并获取权威模式集。
4. 利用 MIT(如算法 2.2 所述)融合权威模式。

GMSF 含有两个输入参数，即算法 2.2 中的权威平滑系数 γ 和算法 2.3 中的偏好分析观测数据点的总数 h。平滑系数将在第 2.3 节的实验中进一步讨论。而 h 是式(2.4)中观测的数据点的总数。显然，如果本书将 h 设为所有输入数据点的总数，即 $h=N$，那么离群点将会影响式(2.4)所计算的偏好信息的准确性。所以，类似文献[73]，本章在以下的实验均将 h 设为所有数据点总数的 10%，即 $h=\lceil 10\%N \rceil$。

GMSF 取代传统模式搜索算法的投票机制(如 HT 和 RHT)，采用 AAS* 进行模式搜索，能够有效减弱无效模型假设带来的影响。更重要地是，GMSF 结合偏好分析和随机游走算法分析简单图的全局结构，这在一定程度上有利于缓解拟合算法对不平衡数据的敏感性。

在计算时间复杂度方面，本章所介绍的方法主要用于模型选择验证，所以不计算模型假设的生成时间，即步骤 1。GMSF 的计算时间主要是用在步骤 2 度量边的权重中。具体地说，步骤 2 中采用 EM 算法对图进行顶点剪枝时，在给定分类类数的条件下(有效的和无效的顶点)，EM 算法能够在线性时间复杂度内完成。步骤 3 中采用的算法 2.1 显然也是线性时间复杂度。步骤 4 中采用的算法 2.2 处理的是小数据的权威模式，所以它的时间复杂度是最低的。而步骤 2 中对边的权重度量，对于输入含有 M 个顶点的简单图(生成 M 个模型假设)，它的复杂度 $O(M)^2$。在经过简单图剪枝后，顶点总数降为 M_0，其中，M_0 大约等于 $10\%M \sim 20\%M$，所以，GMSF 的时间复杂度大约为 $O(M)^2$。

2.3　实验结果与分析

为了验证 GSMF 的有效性和鲁棒性，本章在人工数据和真实图像上作了对比实验。本章使用的四种流行的对比拟合方法分别是 KF[50]、T-linkage[23]、RCG[55]和 AKSWH[48]。选择这些对比算法主要是因为 KF 和 T-linkage 都是基于偏好分析的拟合方法，而 RCG 是一种基于图论的拟合方法，AKSWH 是一种基于参数空间的拟合方法。此外，这些拟合方法都能够估计模型实例的数目和处理多结构数据。需要指出的是，本章没有将基于模式搜索的拟合方法(HT 和 RHT)作为对比实验，这主要是因为这两种方法在含有较高比例无效模型假设的模型假设集中无法取得很好的效果。关于这点，也可以通过文献[29]、[48]得到进一步验证。

因为 GSMF 和四种对比拟合方法在“假设生成-验证”的拟合框架中主要关注验证阶段，因此，为了公平起见，本章首先采用相同的采样算法为所有的方法生成相同的模型假设集。本章在直线拟合中采用随机采样算法，每次生成 5000 个模型假设。GSMF 针对不平衡数据介绍了一些有效策略，因此在人工数据中构建了不平衡数据。虽然随机采样算法会生成很多无效的模型假设，但对不平衡数据不会像其他采样算法那么敏感，无法采样到含有较少内点的模型实例的数据子集。本章采用 Proximity 采样算法[33,52](该采样算法能够生成高质量的模型假设)在单应性估计和基础矩阵估计中每次分别生成 10000 和 20000 个模型假设。所有五种拟合方法能够在相同的模型假设集进行拟合模型实例，这样可以减少采样的干扰。

在以下所有的数据集中，本章调整所有拟合方法的参数以得到最好的效果。本章使用的 PC 机的配置为 Intel Core i7-3630、2.4GHz CPU、16GB RAM，操作系统为 MS Windows 7。

2.3.1 人工数据上的实验结果与分析

本章在四组人工数据(图 2.3(a))上评估 GMSF 和其他四种对比拟合方法在拟合直线的性能。在这些人工数据中，每个模型实例的内点数显示出了明显的不平衡：对于“2 lines”数据集，两条直线的内点数分别为 50 和 200；对于“3 lines”数据集，三条直线的内点数分别为 50、100 和 200；对于“4 lines”数据集，四条直线的内点数分别为 50、100、150 和 200；对于“5 lines”数据集，五条直线的内点数分别为 50、100、100、150 和 200。此外，在每组数据集中，同时加入 300 个离群点。

直线拟合的拟合误差[50]为

$$\text{error} = \left|M_t - M_e\right| + \sum_{i=1}^{\min(M_t, M_e)} \min \varphi_i \tag{2.18}$$

式中，M_t 和 M_e 分别表示数据集中真实直线的数目和拟合方法所估计的直线数目；φ_i 则表示数据集中真实参数和拟合参数之间的第 i 个匹配误差。

每个实验重复 50 次，并在表 2.1 统计通过式(2.18)计算所得的拟合误差的中值和 CPU 运行时间，该时间不包含采样和假设生成的时间。并将所有对比拟合方法获得的分割误差中值相应的拟合结果显示在图 2.3 中。

表 2.1　五种拟合方法在四组人工数据上的直线拟合性能比较

拟合方法	拟合误差中值				CPU 运行时间/s			
	2 lines	3 lines	4 lines	5 lines	2 lines	3 lines	4 lines	5 lines
RCG	1.84	0.67	1.67	1.01	0.23	0.27	0.35	0.39
KF	**0.02**	1.00	0.06	**0.00**	9.55	12.01	17.85	22.04
T-linkage	0.44	1.00	1.42	2.00	68.93	97.59	160.49	203.11
AKSWH	0.52	**0.00**	0.06	1.00	2.58	2.50	2.20	2.11
GMSF	0.07	**0.00**	**0.05**	**0.00**	1.55	1.70	1.56	1.67

注：本书表格中，最优结果用粗体表示。

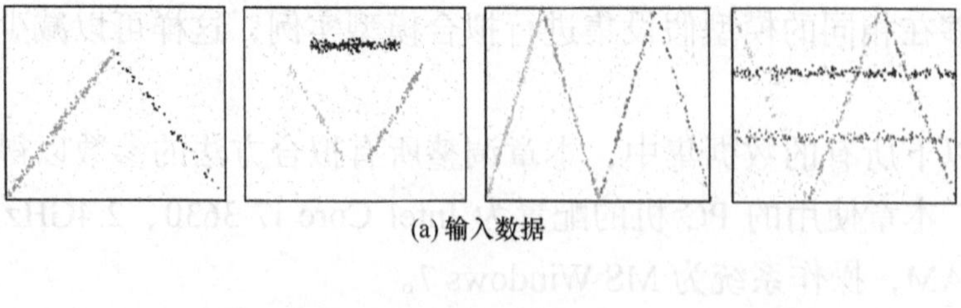

(a) 输入数据

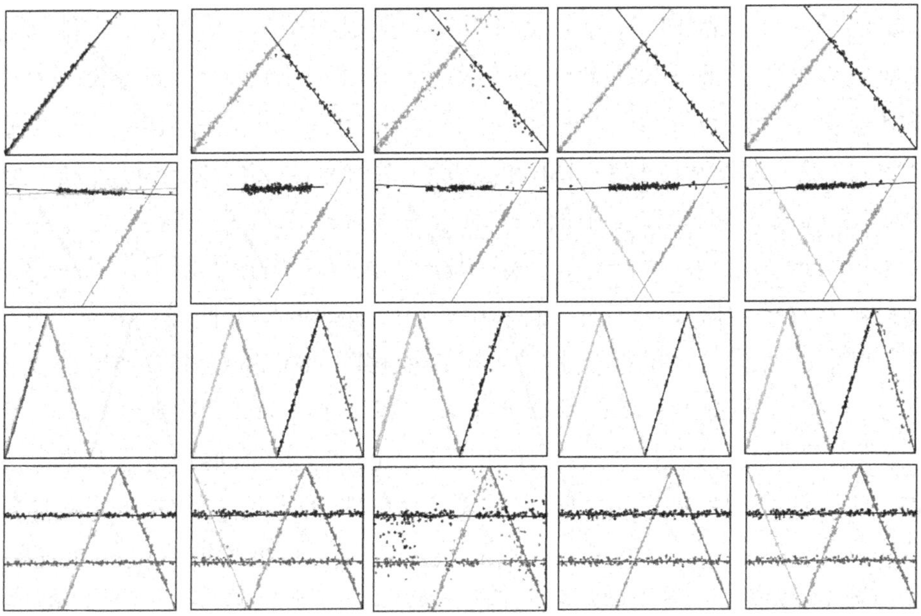

(b) RCG　(c) KF　(d) T-linkage　(e) AKSWH　(f) GMSF

图 2.3　直线拟合和分割实例。从 2～5 行分别拟合二、三、四和五条直线。所有数据集内点噪声尺度设定为 1.5。(a)显示真实模型实例的输入数据，其中每条直线含有不平衡数目的内点，且所有的数据点分布在[0,100]区域。(b)～(f)分别显示 RCG、KF、T-linkage、AKSWH 和 GMSF 拟合获得的结果

从图 2.3 和表 2.1 中可以得出以下结论。①对于“2 lines”数据集，KF、AKSWH、T-linkage 和 GMSF 均能够成功地拟合出两条直线。而 RCG 则错误地拟合含有最少内点数的直线。在 RCG 中，不平衡数据明显地影响到了密度子图(每个子图代表数据集中一个拟合的模型实例)检测的效果。在所有五种拟合方法中，KF 在拟合误差统计的中值中取得最好的结果，而 GMSF 则取得第二好的结果。但是，GMSF 比 KF、T-linkage 和 AKSWH 的计算速度更快。②对于“3 lines”数据集，AKSWH 和 GMSF 成功地拟合出所有三条直线。这主要得益于这两种拟合方法采用了不容易受数据分布影响的基于参数空间的拟合方式。相比之下，其他对比方法(KF、RCG 和 T-linkage)则无法有效地拟合出含有最少内点数的直线。KF 能够有效地去除离群点，但同时也去除了很多内点。T-linkage 过多地依赖于基于模型假设的偏好分析的准确性。然而随机采样算法(本书采用的采样算法)会产生很多无效的模型假设，这会影响到偏好分析的准确性。

需要指出的是，GMSF 对每个模型假设只观测前面 h 个数据点，这能够有效减少离群点对偏好分析准确性的影响。③对于“4 lines”数据集，RCG 能够准确拟合四条直线中的两条。T-linkage 能够准确拟合其中的三条直线。而 KF、AKSWH 和 GMSF 能够拟合出所有四条直线，但是，GMSF 能够获得最低的拟合误差中值。④对于“5 lines”数据集，RCG、AKSWH 和 T-linkage 只能拟合出四条直线。其中，AKSWH 在采用了信息理论方法去除无效模型假设的同时，也去除了很多有效的模型假设，导致含有最少内点数的直线对应的模型假设被错误地移除。KF 和 GMSF 能够成功地拟合出所有的五条直线。在所有四组人工数据中，GMSF 均能够取得更好的效果，而 KF、RCG、AKSWH 和 T-linkage 均会在有些情况下失败。这是因为这些模型实例的内点数严重不平衡，导致含有最少内点数的直线很难被拟合。在计算时间方面，RCG 在四组人工数据均取得最好的效果，而 GMSF 均能够取得第二好的效果。

本章还在不同离群点比例和内点基数比值(属于不同模型实例的内点数比值)的数据中评估五种拟合方法处理离群点和不平衡数据的性能。本章使用图 2.3(a)中的“3 lines”数据集作为测试数据。对于离群点比例，将三条直线的内点数目设定为 100，同时通过增加离群点的数目使离群点比例从 0%增加到 90%。对于内点基数比值，将三条直线的内点数目设定为相同值，然后逐步增加其中两条直线的内点数并减少另外一条直线的内点数目，使内点基数比值从 1 增加到 9。将每个实验重复 20 次，并在图 2.4 显示不同方法获得的拟合误差的中值。

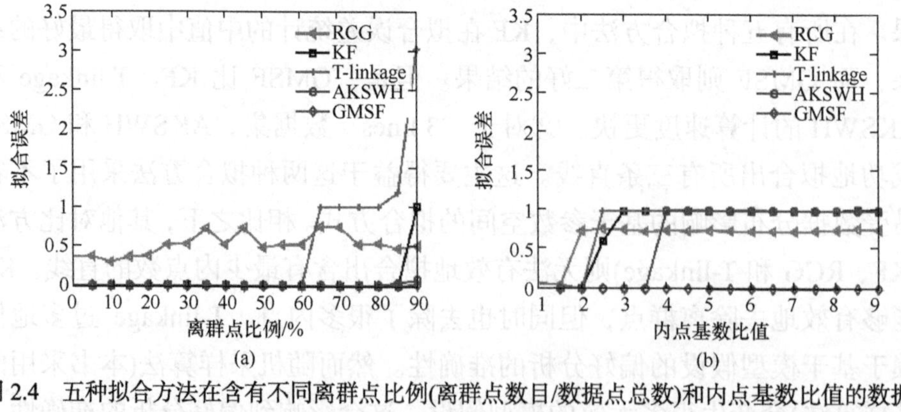

图 2.4 五种拟合方法在含有不同离群点比例(离群点数目/数据点总数)和内点基数比值的数据集上获得的拟合误差。(a)和(b)分别显示不同离群点比例和内点基数比值的性能对比

从图 2.4(a)可以看到，AKSWH 和 GMSF 对不同的离群点比例具有较好的鲁棒性。KF 和 T-linkage 在离群点比例较低时能够准确地拟合直线，但是它们分别在离群点比例大于 80%和 60%时开始出现拟合失败。RCG 则在不同的离群点比例均无法获得较低的拟合误差。从图 2.4(b)可以看到，所有拟合方法在内点基数比值小于 1.5 时可以获得较好的结果，但是 KF 和 T-linkage 则在内点基数比值大于 2.0 时开始无法准确拟合直线。RCG 和 AKSWH 则分别在内点基数比值大于 1.5 和 3.5 时开始取得较大的拟合误差。相反地，GMSF 能够持续在不同的内点基数比值取得最好的效果。

此外，本章在图 2.3 中的四组人工数据上测试式(2.12)中平滑系数 γ 对 GMSF 的影响。本章在图 2.5 上显示不同数据集中 GMSF 所取得的拟合误差和 CPU 运行时间。从图中可以看到，不同的 γ 并没有对 GMSF 产生很明显的影响。因此，本章在实验中将其固定为 10。

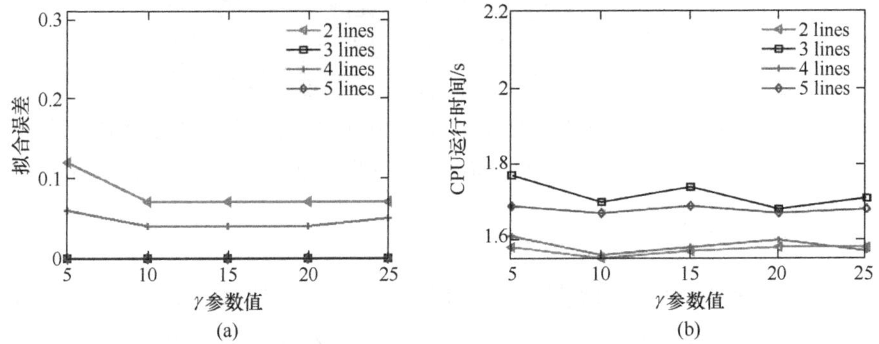

图 2.5　不同 γ 参数值对 GMSF 的影响测试。(a)和(b)分别显示不同数据集中 GMSF 在不同 γ 参数值所取得的拟合误差和 CPU 运行时间

2.3.2　真实图像上的实验结果与分析

对于真实图像，本书采用“AdelaideRMF”数据集测试 GMSF 和四种对比拟合方法在单应性估计和基础矩阵估计的性能，并使用文献[2]提供的真实分割结果来评价拟合的分割结果。

采用文献[22]、[23]的评估标准来计算分割误差：

$$\text{error} = \frac{\text{被错误分配的数据点总数}}{\text{数据点总数}} \tag{2.19}$$

式(2.19)可以有效地评估拟合算法的拟合效果。然而，该公式参考的真实模型实例对真实数据来说并没有明确的定义。在来自 Oxford Visual Geometry Group 数据集“Merton College 3”中的“Window”中真实模型实例是变动的，并没有非常明确的定义，如图 2.6 所示。更确切地说，真实模型实例的定义只能依据于算法设计的目的而定。需要说明的是，所有真实数据中的模型实例是在普通情况下选择最有意义的模型假设。因此，所计算的拟合误差也相应地根据此真实模型实例定义所得。

图 2.6 在“Merton College 3”上准确地选择数据集中模型实例的示例。根据不同的模型实例定义，属于“Window”的数据点可能属于一个模型实例的内点，也可能属于离群点

1. 单应性估计

从“AdelaideRMF”数据集中选取五组比较有代表性的数据集用于测试单应性估计。每个实验本书重复 50 次，并在表 2.2 给出分割误差的中值和 CPU 运行时间，该时间不包含采样和假设生成时间，并将所有对比拟合方法获得的分割误差中值相应的拟合结果显示在图 2.7 中。

表 2.2 五种拟合方法在五组真实图像上的单应性拟合性能比较

拟合方法	拟合误差中值/%					CPU 运行时间/s				
	Elderhalla	Hartley	Sene	Library	Neem	Elderhalla	Hartley	Sene	Library	Neem
RCG	**0.93**	3.91	0.40	9.77	12.71	1.63	1.22	0.91	0.83	0.89
KF	17.06	15.63	8.60	18.60	24.90	3.64	2.92	5.24	3.34	6.41
T-linkage	**0.93**	2.50	0.40	6.74	3.73	15.82	62.16	22.96	16.13	22.11
AKSWH	0.98	9.69	**0.00**	14.19	5.56	2.24	2.12	2.82	2.24	2.56
GMSF	**0.93**	**2.19**	0.40	**3.72**	**3.32**	2.38	2.02	2.57	2.05	2.48

图 2.7 单应性拟合示例。从 2～6 行分别表示五个图像对(这里只显示双视图中的单张图像)，分别是 Elderhalla、Hartley、Sene、Library 和 Neem。(a) 显示真实模型实例的输入数据，其中，不同符号表示不同的模型实例，加号的点表示离群点。(b)～(f) 分别显示 RCG、KF、Tlinkage、AKSWH 和 GMSF 拟合获得的结果

从图 2.7 和表 2.2 中可以看到，GMSF 在所有五组数据集中均能够取得很好的效果。除了 Elderhalla，KF 能够有效地去除大部分离群点，但无法准确地拟合数据集中的模型实例。此外，KF 对输入参数(用于计算残差核函数的步长和用于计算拟合误差和模型选择的相关权重比例)较为敏

感。因此，在所有五组数据集中，KF 的分割误差最高。RCG 能够在含有两个模型实例的数据集中成功地拟合模型实例，但在含有三个模型实例的数据集(Neem)中，取得的分割误差较高。AKSWH 在相对平衡的数据集(Elderhalla、Sene 和 Neem)中能够取得较好的效果，但在相对不平衡的数据集(Hartley 和 Library)中，取得的分割效果不是很稳定。这是因为，AKSWH 在选择较优模型假设时往往会去除一些有效的模型假设。相反地，T-linkage 和 GMSF 在所有数据中均能取得很好的效果，其中 GMSF 在五组数据集中的四组数据集取得最低的分割误差中值。然而，GMSF 在这五组数据集中均比 T-linkage 计算速度快。

2. 基础矩阵估计

从“AdelaideRMF”数据集中选取五组比较有代表性的数据集用于测试基础矩阵估计。每个实验本书重复 50 次，并在表 2.3 给出分割误差的中值和 CPU 运行时间，该时间不包含采样和假设生成时间，并将所有对比拟合方法获得的分割误差的中值相应的拟合结果显示在图 2.8 中。

表 2.3 五种拟合方法在五组真实图像上的基础矩阵拟合性能比较

拟合方法	拟合误差中值/%					CPU 运行时间/s				
	Gamebi-scuit	Cube-toy	Bread-cube	Cube-chips	Bread-toycar	Gamebi-scuit	Cube-toy	Bread-cube	Cube-chips	Bread-toycar
RCG	31.10	15.51	29.75	25.18	35.84	2.37	1.29	1.61	1.69	0.98
KF	24.39	23.09	16.12	7.39	31.93	7.85	6.92	6.99	8.12	2.71
T-linkage	10.21	6.22	7.44	5.46	**4.21**	93.51	53.00	48.52	66.56	13.95
AKSWH	17.68	8.63	2.89	3.87	22.89	6.24	5.01	6.12	5.26	4.56
GMSF	**7.01**	**4.01**	**2.27**	**3.69**	6.92	5.82	5.08	5.27	5.32	4.67

(a) 输入数据

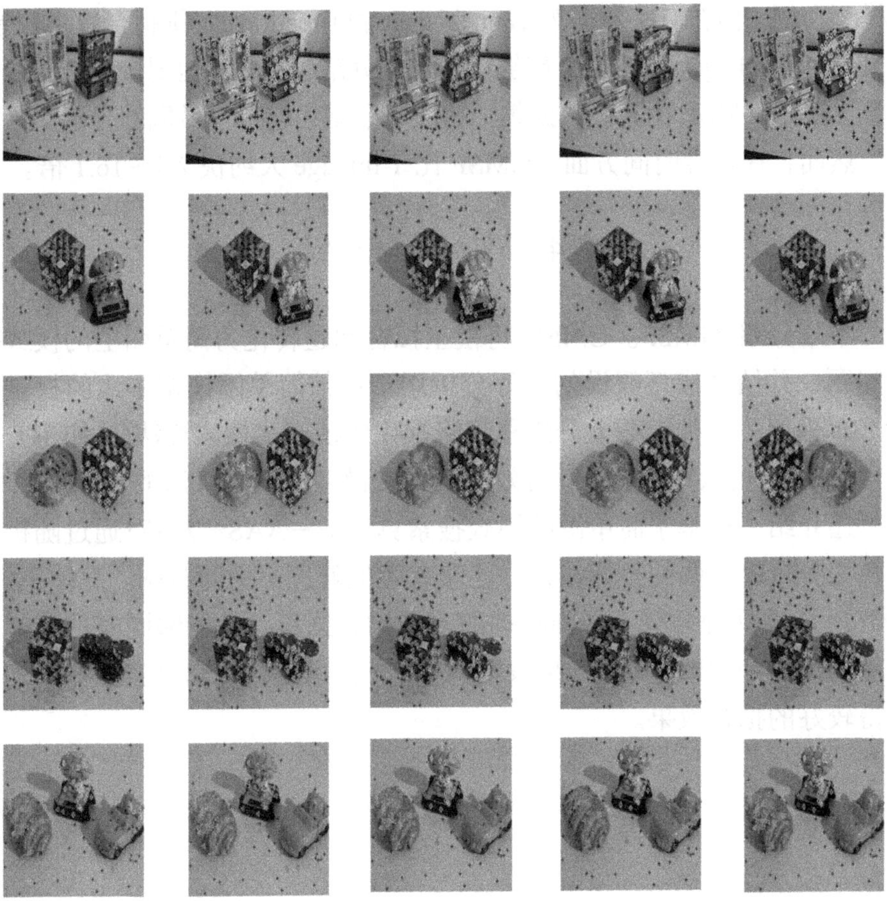

图 2.8　基础矩阵拟合示例。2～6 行分别表示五个图像对(这里只显示双视图中的单张图像)，分别是 Gamebiscuit、Cubetoy、Breadcube、Cubechips 和 Breadtoycar。(a) 显示真实模型实例的输入数据，其中，不同符号表示不同的模型实例，加号的点表示离群点。(b)～(f) 分别显示 RCG、KF、T-linkage、AKSWH 和 GMSF 拟合获得的结果

从图 2.8 和表 2.3 中可以看到，尽管 RCG 在所有五个拟合方法中计算速度最快，但 KF 和 RCG 在五组数据集中无法取得很好的分割误差。基础矩阵估计的最小采样数据子集含有八个数据点，因此采样数据子集含有的数据点均为内点的概率很小。也就说，需要采用大量的数据子集以对每个模型实例采样到一个数据点均为内点的数据子集，这样生成的模型假设集中会含有大量的无效模型假设。在这种情况下，KF 和 RCG 无法取得很好的效果。AKSWH 在有些数据集(Cubechips、Cubetoy 和 Breadcube)能成功地拟合出所

有模型实例，但在有些数据集(Gamebiscuit 和 Breadtoycar)则拟合效果较差。相反地，T-linkage 和 GMSF 能够以较低的分割误差成功地拟合所有五组数据集，其中 GMSF 在五组数据集中的四组数据集取得了最低的分割误差中值。然而，在计算时间方面，GMSF 比 T-linkage 大约快 2.9～16.1 倍。

2.4 本章小结

本章介绍 GMSF。GMSF 将模型拟合问题转化为简单图上的模式搜索问题，并结合模型假设的偏好分析用于评估简单图模型中边的权重。GMSF 采用了一种权威上升漂移策略取代传统模式搜索算法(比如 HT 和 RHT)的简单投票策略，能够有效减少无效模型假设对算法的影响。此外，本章还介绍一种基于简单图的模式搜索算法——AAS*。AAS*通过随机游走算法分析简单图的整体结构，能够有效地处理不平衡数据。总体来说，GMSF 能够处理含有不平衡数据的多结构数据集，且能够同时估计模型实例的数目和参数。实验结果表明，GMSF 在人工数据和真实图像中均能取得较好的拟合效果。

第 3 章　基于超图子图检测的模型拟合方法

3.1　引　　言

针对原始的 RANSAC[27]存在的一些问题(如只能用于拟合单结构数据)，研究人员提出了改进版本，如 LO-RANSAC[39]、PROSAC[38]、CovRANSAC[80]和 QDEGSAC[81]。此外，最近有些研究者提出了能够容忍大量噪声数据和多结构数据的鲁棒模型拟合方法，比如，J-linkage[52]、KF[50]、PEARL[29]、AKSWH[48]和 T-linkage[23]。这些被提出的模型拟合方法(包括在第二章介绍的拟合方法)都有各自的优势。然而，由于拟合准确性或计算速度的限制，它们在实际应用中无法被进一步推广。

最近，超图引起了业界广泛关注，并成功应用于模型拟合[53-57]中。相比简单图，超图的每条边可以同时连接多于两个的顶点。因此，超图能够用于表示更高阶的相似性(简单图只能用于表示二阶的相似性)，这将有利于提高模型拟合方法的性能。在当前基于超图的模型拟合方法[53-57]中，超图的每个顶点用于表示一个数据点，而超边用于连接一组数据点。例如，文献[53]提出了一种有效的数据点标记方法，并将其等价于超图标记来解决拟合问题。文献[55]在随机采样的基础上构建了随机一致性超图(random consensus hypergraphs)，能够快速地拟合多结构数据。文献[56]提出了一种基于超图的谱聚类方法，能够有效拟合运动分割。文献[54]利用超图将高阶聚类用于拟合 RGBD 数据的平面分割。

然而，当前基于超图的拟合方法[53-56]只构建 k-均匀超图，即每条超边连接相同数目的顶点，并且规定每条超边含有尽可能最小的度值(超边的度值是指其所连接的顶点的数目)。也就是说，这些超图的每条超边只允许连接少量且数目相同的顶点。显然，这种规定无法使超图有效地表示模型假设与数据点之间的复杂关系。此外，文献[57]通过理论分析和综合实验，验证了含有越大度值的超图则含有越多的顶点间关系信息，这有利于提高聚类的准确性。从这一层面上分析可知，最理想的情况是，一个超图的每条超边含有尽可能大的度值，针对模型拟合问题，是指所有对应同一个模型实例内点的顶点同时被相同的超边连接。但是，这也带来了以下两个问题：①超图将更加复杂；②要获取所有内点将会更困难。本章将围绕这些问题设计一个高效的拟合方法。其中，不同数据集中的每个结构的内点数目是变化的，所以每条超边的度值也是变化的。本章设计的策略将满足以下特性：每条超边的度值是数据驱动的，并且比当前方法[53-57]中超图的超边的度值大，即尽可能连接所有内点。本章提出了一种基于超图的模型拟合方法(hypergraph based fitting method，HF)，用于拟合多结构数据。HF 将模型拟合问题转换为超图分割问题。在每个超图中，一个顶点表示一个数据点，而每条超边则表示一个模型假设，即每条超边连接一定数量的顶点，这些顶点是指超边所对应的模型假设的内点。针对每个超图，HF 能够简单有效地设定每条超边的度值。具体地说，HF 首先基于最小数据子集的采样结果，生成一定数量的潜在超边。然后，利用内点噪声尺度估计的结果，将每条潜在超边扩展至连接所有对应其内点的顶点。显然，通过生成的超图，可以直观地获取每个模型假设所对应的内点。因此，生成的超图能够有效地表示模型假设和数据点之间复杂的关系(图 3.1)。此外，

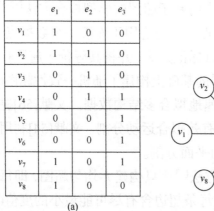

	e_1	e_2	e_3
v_1	1	0	0
v_2	1	1	0
v_3	0	1	0
v_4	0	1	1
v_5	0	0	1
v_6	0	0	1
v_7	1	0	1
v_8	1	0	0

(a)

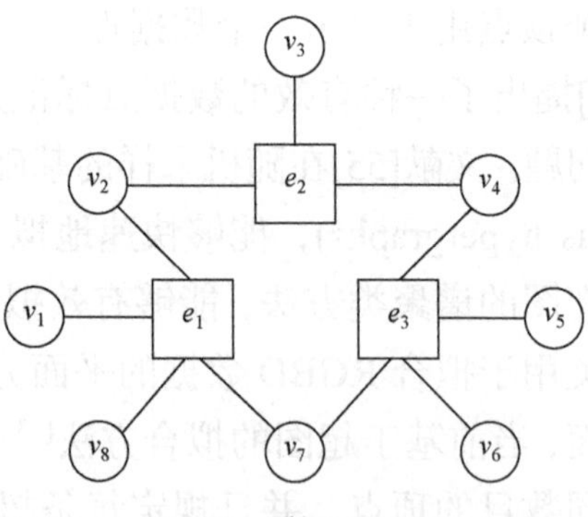

(b)

图 3.1　超图建模示例。(a)为一组数据点 $V=\{v_1,v_2,v_3,\cdots,v_8\}$ 和一组模型假设 $E=\{e_1,e_2,e_3\}$，在(a)中，如果 v_i 是模型假设 e_j 的内点之一，则每项 (v_i,e_j) 设为1，反之，(v_i,e_j) 设为0。(b)为用于表示模型假设与数据点之间关系的超图，在(b)中，该超图包含三条超边 $\{e_1,e_2,e_3\}$ 和八个顶点 $\{v_1,v_2,v_3,\cdots,v_8\}$，并分别用矩形和圆形表示

基于超图分割算法，本书还提出一种鲁棒的子图检测算法，即每个子图对应被拟合的模型实例。所提出的子图检测算法能够自动地检测子图数目。总之，HF 能够快速有效地同时拟合多结构数据中模型实例的个数和参数。在人工和真实数据上的实验结果表明，HF 是有效的和鲁棒的。通过与其他一些流行的模型拟合算法相比，HF 能够取得更好的拟合结果。

相比现有的模型拟合方法[23,48,53-57]，HF 主要有四点优势。①在本章所构造的超图中，超边含有比较大的度值且是数据驱动的。含有比较大度值的超边有利于提高超图分割的准确性，同时基于数据驱动的超边能够自动地适应不同的数据集。②本章所构造的超图可以直接用于模型拟合，而不需要将其用来构造点对相似性矩阵。在构造点对相似性矩阵的过程中，需要将超图映射到指引简单图(induced graphs)中，而这将会造成信息损失从而影响拟合结果的准确性[82,83]。③HF 能够同时拟合多结构数据中的所有模型实例。这将避免连续使用“拟合–去除”框架所带来的各种问题。④HF 通过子图检测算法分割数据点。这将克服一些拟合算法完全依靠内点噪声尺度来区分内点和离群点的缺点。所以，本章所提出的算法能够更加快速有效地拟合模型实例。

3.2　算 法 描 述

本书首先通过构建超图模型来直接地表示模型假设和数据点之间的复杂关系，并在此基础上，提出一种鲁棒的子图检测方法。所提出的子图检测算法能够自动地估计模型实例数目，并有效地分割数据点。接下来将介绍本章所提出的模型拟合方法的主要原理。

3.2.1　超图建模

针对模型拟合问题，在所构建的超图中，每个顶点表示一个数据点，而每条超边表示一个模型假设，如图 3.1 所示。本书假定输入 n 个数据点并生成 m 个模型假设，那么构建的超图 $G = (V,E,W)$ 包含 n 个顶点和 m 条超边。其中，$V=\{v_1,v_2,\cdots,v_n\}$ 表示 n 个顶点，且 $E=\{e_1,e_2,\cdots,e_m\}$ 表示 m 条超边。同时，每条超边 e 含有一个非负权重值 $\omega(e)$。针对顶点与超边的

关系，如果$v \in e$，那么超边e就被认为与顶点v关联。$|V| \times |E|$的关联矩阵H用于表示超图G中所有顶点和超边直接的关联关系。其中，关联矩阵的每一项须满足：如果$v \in e$，则$h(v,e)=1$；反之，$h(v,e)=0$。

1. 超图生成

本书所构建的超图是用于表示模型假设和数据点之间的关系，也就是说，通过一个超图，就可以直接判定一个数据点是否为一个模型假设的内点。因此，本书设计一个策略来构建超图。该策略主要包含两个部分：超边生成和超边扩展。

(1) 超边生成。首先，采样一定数量的最小数据子集，并利用直接线性变换经典算法[31]拟合模型假设。其中，最小数据子集是指要拟合一个模型假设所需要的最少数据集。比如，拟合一条直线需要两个数据点；拟合一个单应性矩阵需要四个数据点。因为每条超边对应一个模型假设，所以每个最小数据子集的数据点所对应的顶点用一条超边连接。如此，生成的潜在超边连接最小数目的顶点。

(2) 超边扩展。将每条潜在超边扩展至连接尽可能多的顶点。也就是说，本书尽可能地扩展每条潜在超边的度值使其最大化。但是同时要尽量避免超边和对应离群点顶点连接。内点噪声尺度估计能够用于区分内点和离群点。本书基于内点噪声尺度估计进行超边扩展。相应地，用内点噪声尺度估计判定超边是否与顶点相关联。如果相关联，该超边便与该顶点相连接；反之，则不连接。这样，每条超边将连接所有对应其内点的顶点。其中，本章采用简单且有效的内点噪声尺度估计方法——IKOSE[48]来估计内点噪声尺度。当然，因为 HF 的性能并不完全依赖内点噪声尺度估计的准确性，所以本书也可以采用其他有效的内点噪声尺度估计方法来取代 IKOSE，比如 ALKS[61]、MSSE[62]和 TSSE[63]。

相比其他基于超图的拟合方法[53-56]中所构建的超图，本书所构建的超图对超边进行了扩展。超边扩展对提高拟合准确性是很有必要的。文献[57]证明了 NCut[84]在含有较大度值超边的超图中可取得更好的结果。图 3.2 为 NCut 在两个k-均匀超图和一个非均匀超图拟合圆形的结果。其中，两个k-均匀超图分别是 4-均匀超图和 8-均匀超图。非均匀超图是指每条边允许连接不同数目的顶点。从中可以看到，相比 4 个数据点，8 个数据点控制一个圆形会更加精确。而本章所构建的非均匀超图含有尽可能最大度值的超边，能够最准确地拟合圆形。虽然，本书希望每条超边能够连接相应模型假设的所有内点对应的顶点。然而，在现实中，无法保证所有的数据点都能够被准确地区分出内点和离群点，但能够保证大部分内点所对应的顶点被准确地连接。在这过程中，可以通过超图剪枝去除一些离群点，从而提高超图构建的准确性。本书将在 3.3.1 小节进一步讨论不同度值的超边对拟合算法的影响。

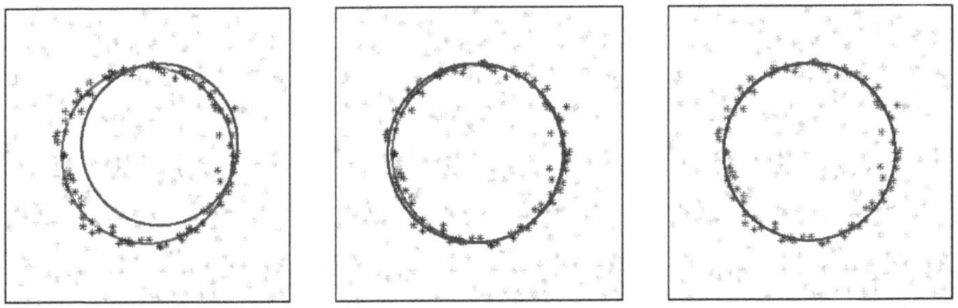

(a)　(b)　(c)

图 3.2　NCut 拟合圆形的结果。(a)、(b)和(c)分别显示了 NCut 在 4-均匀超图、8-均匀超图和非均匀超图的拟合结果。其中，居中的圆为真实的结构，周边的点为相应的内点。另外一个圆则对应超图的超边，相应的点对应超图每条超边连接的顶点

需要指出的是，本书所构建的超图除了含有尽可能接近最大度值的超边的优势外，还有一个很重要的性质：即每条超边的度值是基于数据驱动的。然而，当前基于超图的拟合方法[53-56]所构建的超图将每条超边的度设定为一个固定值。显然，本书所构建的超图适用性会更好。

2. 超边的权重度量

一般情况下，采样算法会生成大量无效的模型假设。相应地，在本章中，也会生成大量无效的超边。本小节将通过度量超边权重来衡量超边的质量。原则上，如果超边对应的模型假设是数据集中真实的模型实例，那么它应该被赋予尽可能高的权重值；反之，则被赋予尽可能低的权重值。

本书基于无参核密度估计技术[76]对超边进行权重度量。对于超边 e_i，它的权重为[48]

$$\omega_{e_i} = \frac{1}{n}\sum_{j=1}^{n}\frac{\mathrm{KM}\left(\hat{r}_{v_j}^{e_i}/\hat{h}_{e_i}\right)}{\tilde{s}_{e_i}\hat{h}_{e_i}} \tag{3.1}$$

式中，n 为顶点的数目；$\tilde{s}_{e_i}$ 为所对应模型假设的内点噪声尺度；$\hat{r}_{v_j}^{e_i}$ 则表示相应的残差值；$\mathrm{KM}(\cdot)$ 是经典的 Epanechnikov 核函数；$\hat{h}_{e_i}$ 表示第 i 条超边的带宽。

如文献[48]所述，通过式(3.1)，对应真实模型实例的超边将会被赋予更高的权重分数。

3. 超图剪枝

每条超边可以连接多个顶点，而且在本章中，采样算法会生成大量的模型假设，即超边数量会比较大，所以所构建的超图将会非常复杂。这将会增加算法的时间复杂度。然而，在这些超边中，有一大部分对应的是一些无效的假设。因此，本书提出对超图进行剪枝，去除这些无效的超边。

基于超图权重，本书选择权重较高的超边，同时去除权重较低的超边。本节基于文献[78]提出的信息理论，采用数据驱动阈值进行超图剪枝。文献[78]提出的信息理论能够尽可能地保留有用的信息，同时去除无关信息。

对于一组超边 $E=\{e_1,e_2,\cdots,e_m\}$ 和相应的权重 $W=\{\omega_{e_1},\omega_{e_2},\cdots,\omega_{e_m}\}$，其中，$m$ 表示超边的条数，本书用 $\varpi_i=\max W-\omega_{e_i}$ 表示超边 e_i 的权重与所有超边中的最大权重之间的间隔，通过规范化 ϖ_i 获取超边 e_i 的先验概率：

$$p(\varpi_i)=\frac{\varpi_i}{\sum_{i=1}^{m}\varpi_i} \tag{3.2}$$

可将其相应的熵定义为

$$L=-\sum_{i=1}^{m}p(\varpi_i)\log p(\varpi_i) \tag{3.3}$$

那么，如果一条超边 e_i 含有的信息值(用 $-\log p(\varpi_i)$ 来表示)大于熵 L，那么该超边就会被保留下来，即

$$\hat{E} = \{e_i | L + \log p(\varpi_i) < 0\} \tag{3.4}$$

本书选择保留下来的超边以及与之相连接的顶点组成一个新的超图。在这过程中，一些无效的超边与对应离群点的顶点将会被移除。因此，剪枝完的超图会更加简单且能够减少离群点带来的影响。

3.2.2 基于超图的子图检测算法

通过超图分割，可以将一个超图 $G=(V,E,W)$ 分割成一组子图。其中，每个子图 $G_B=(V_B,E_B,W_B)$ 分别对应一个拟合的模型实例。其中，V_B 是顶点 V 的数据子集；E_B 则是子图 G_B 的超边集；超边同时赋予权重集 ω_B。需要指出，子图 G_B 的超边与超图 G 的超边并没有完整的包含关系。这是因为，随着子图的分割，有些超边可能会被分割到多个子图中。在这过程中，每条超边连接的顶点也会跟着变化。正因为如此，子图检测算法与内点噪声尺度相结合，使数据点区分为内点和离群点。这将有利于缓解拟合算法对内点噪声尺度的敏感性。

1. 超图分割

本章提出的子图检测算法是基于超图分割，为了更加清楚地阐述本章算法，首先简要介绍文献[84]所提出的超图分割算法。该算法将经典的“normalized cut”点对聚类算法[85]从简单图扩展到超图，多位学者[86,87]验证了此算法的有效性。

给定一个超图 $G=(V,E,W)$ 和它相应的关联矩阵 H，每个顶点 $v\in V$ 的度可以用公式 $d(v)=\sum_{e\in E}\omega(e)h(v,e)$ 来表示，同时每条超边 $e\in E$ 的度可以用公式 $\delta(e)=\sum_{v\in V}h(v,e)$ 来表示。相应地，D_v、D_e 和 W 分别表示顶点的度、超边的度和权重的对角矩阵。

针对超图“二路”分割算法，一个超图 G 可以被分割成两部分 A 和 B，其中，$A\cup B=V, A\cap B=\phi$。同时，超边的边界 $\partial A:=\{e\in E \mid e\cap A\neq\phi, e\cap B\neq\phi\}$ 也被分成两个部分。“二路”分割优化函数定义为[84]

$$\mathrm{Scut}(A,B)=\sum_{e\in\partial A}\omega(e)\frac{|e\cap A||e\cap B|}{\delta(e)} \tag{3.5}$$

上式规范化后等价于[84]

$$\mathrm{NScut}(A,B)=\mathrm{Scut}(A,B)\left(\frac{1}{\mathrm{vol}(A)}+\frac{1}{\mathrm{vol}(B)}\right) \tag{3.6}$$

式中，$\mathrm{vol}(A)$是数据子集A的卷积(volume)，可用公式$\mathrm{vol}(A)=\sum_{v\in A}d(v)$表示；$\mathrm{vol}(B)$定义类似。

接着，式(3.6)被松弛化至一个实值优化问题[84]：

$$\arg\min_{q\in R^{|V|}}\sum_{e\in E}\sum_{\{u,v\}\subset e}\frac{\omega(e)}{\delta(e)}\left(\frac{q(u)}{\sqrt{d(u)}}-\frac{q(v)}{\sqrt{d(v)}}\right)^2=\arg\min_{q\in R^{|V|}}2q^{\mathrm{T}}\Delta q \tag{3.7}$$

式中，q表示标签向量；$\Delta=I-D_V^{-\frac{1}{2}}HWD_e^{-1}H^{\mathrm{T}}D_v^{-\frac{1}{2}}$为超图拉普拉斯矩阵，其中$I$为单位矩阵。理论上，拉普拉斯矩阵$\Delta$的最小非零特征值所对应的特征向量即是式(3.7)的解。

而对于“多路”分割，类似于文献[88]，拉普拉斯矩阵Δ的k个最小非零特征值所对应的特征向量被用来表示超图顶点。并在此基础上，采用经典的k-均值算法对顶点进行聚类。

2. 子图检测算法

虽然超图分割算法[84]大部分情况下是有效的，但是，它无法自动估计子图的个数。此外，它在最后采用经典的k-均值算法进行聚类，然而k均值算法对数据初始化比较敏感。针对一个鲁棒的模型拟合方法，本书要求能够自动估计数据集中模型实例的数量，并要求能够容忍较高比例的离群点。为此，受文献[89]的启发，本书提出一种新型超图分割算法用于子图检测。文献[89]提出了一种鲁棒的谱聚类算法。该算法通过分析特征向量的结构来分割数据点，并自动估计分组数目。

具体地说，文献[89]所提出的谱聚类算法通过最小化分配最小特征向量的代价来估计分组数目。对于一个规范化矩阵，代价函数定义为[89]

$$E=\sum_{i=1}^{n}\sum_{j=1}^{C}\frac{U_{ij}^2}{(\max_j U_{ij})^2} \tag{3.8}$$

式中，C表示最大可能分组数目；U是通过计算特征向量矩阵Y的旋转

矩阵 R 所得到的矩阵，即 $U=YR$（R 为正交矩阵）。其中，矩阵 Y 是由规范化矩阵的 C 个最小特征值所对应的特征向量组成。

综合超图分割算法[84]和谱聚类算法[89]的优势，本书提出了一种新型的超图分割算法，如算法 3.1 所示。该超图分割算法能够更加有效地检测子图。主要表现为，一方面，它能够自动地估计子图的个数；另一方面，它具有更好的鲁棒性。在算法 3.1 中，需要输入一个参数，即最大可能的子图数目 C。在相关实验中，本书将其设置为10，这表示数据集中最多含有10个真实的模型实例。

算法 3.1　子图检测算法

输入： 超图 G 和最大可能的子图数目 C。

输出： 一组子图 $\hat{S}=\{s_1,s_2,\cdots,s_{k_0}\}$。

1. 根据输入超图的信息求解拉普拉斯矩阵 $\varDelta=I-D_V^{-\frac{1}{2}}HWD_e^{-1}H^{\mathrm{T}}\ D_v^{-\frac{1}{2}}$。
2. 通过拉普拉斯矩阵 $\varDelta$ 的 C 个最小特征值计算特征向量 Y。
3. 通过搜索特征向量 Y 的所有列的最佳比对来恢复旋转矩阵 R（细节如文献[89]所述）。
4. 通过最小化公式(3.8)来估计子图的分割数目 k_0。
5. 根据比对结果 U 将超图 G 的所有顶点分割到 k_0 个子图中，即 $s_{\hat{m}}=\{v_i\in V\,|\max_j U_{ij}=U_{i\hat{m}}\},\hat{m}=1,\cdots,k_0$。

3.2.3　本章所提出的模型拟合方法

结合本章前面所有小节所描述的内容，总结本章所提出的 HF，如算法 3.2 所述。HF 将模型拟合问题刻画成超图分割问题。其主要由两部分组成，即超图建模(如 3.2.1 小节所述)和子图检测(如 3.2.2 小节所述)。其中，针对算法 3.2 中的步骤 5，每个子图含有多条超边，而每个子图对应一个拟合的模型实例。所以，本书在每个子图选择一条最有代表性(权重最大)的超边(模型假设)作为拟合的模型实例。

除了算法 3.1 的输入参数 C (最大可能子图数目)，算法 3.2 还有一个参数 k。k 表示用于估计内点噪声尺度的 IKOSE 中第 k 个数据点。显然，k 具有特定的定义，不会过多地影响 HF 选择模型实例的结果。至于最小数据子集采样的总数，可以通过离群点比例和参数维度来简单地估计[27]。

算法 3.2 基于超图的模型拟合方法(HF)

输入： 数据集 X 和内点噪声尺度估计参数 k。

输出： 保留下来的超边(拟合的模型实例)和相应的顶点(内点)。

1. 采样一定数量的最小数据子集，并生成相应的模型假设。
2. 基于 IKOSE 构建超图，并根据式(3.1)赋予每条超边一定的权重。
3. 根据式(3.4)选择超边，同时去除孤立的顶点。
4. 根据算法 3.1 进行子图检测，得到一组子图 $\hat{S}=\{s_1,s_2,\cdots,s_{k_0}\}$。
5. 在每个子图中选择一条具有代表性的超边。
6. 根据互信息理论[48]去除重复的超边。

算法 3.2 重点放在模型选择阶段，所以不讨论采样时间(步骤 1)。步骤 2 和步骤 3 时间复杂度近似于 $O(m)$，其中 m 为超图中超边的总数。而子图检测(即步骤 4)时间主要用在式(3.8)的最小化过程。因此步骤 4 的时间复杂度近似于 $O(C*n)$，其中 n 为顶点的总数。步骤 5 和步骤 6 均处理小数据，其计算时间可以忽略。因为在一般情况下 m 远大于 $C*n$，所以，HF 的时间复杂度可以近似为 $O(m)$。

3.3 实验结果与分析

为了验证 HF 的有效性和鲁棒性，本书在人工数据和真实图像上作了对比实验。本书使用的四种流行的对比拟合方法分别是 KF[50]、T-linkage[23]、RCG[55]和 AKSWH[48]。选择这些对比算法主要是因为这些拟合方法都能够估计模型实例的数目并能处理多结构数据①。

---

① 对于 KF 和 T-linkage，本书分别采用发布在网址 http://cs.adelaide.edu.au/~tjchin/doku.php?id=code 和 http://www.diegm.uniud.it/fusiello/demo/jlk/的源代码；对于 RCG 和 AKSWH，本书采用作者提供的源代码。

本章提出的拟合方法和四种对比拟合方法在“假设生成-验证”的拟合框架中主要关注验证阶段，因此，为了公平起见，首先采用相同的采样算法为所有的方法生成模型假设集。采用 Proximity 采样算法[33,52](该采样算法能够生成高质量的模型假设)在直线拟合、单应性估计和基础矩阵估计中对相同输入数据集每次分别生成5000、10000和20000个模型假设。上述五种拟合方法能够在相同的模型假设集中进行拟合模型实例，减少采样的干扰。在以下所有的数据集中，本书调整所有拟合方法的参数以得到最好的拟合结果。本章使用的 PC 机的配置为 Intel Core i7-3630、2.4GHz CPU、16GB RAM，操作系统为 MS Windows 7。

3.3.1　人工数据上的实验结果与分析

本书利用四组人工数据评估 HF 和其他四种对比拟合方法在拟合直线的性能如图 3.3(a)所示。并使用式(2.18)评估真实参数和拟合的参数之间的偏差。

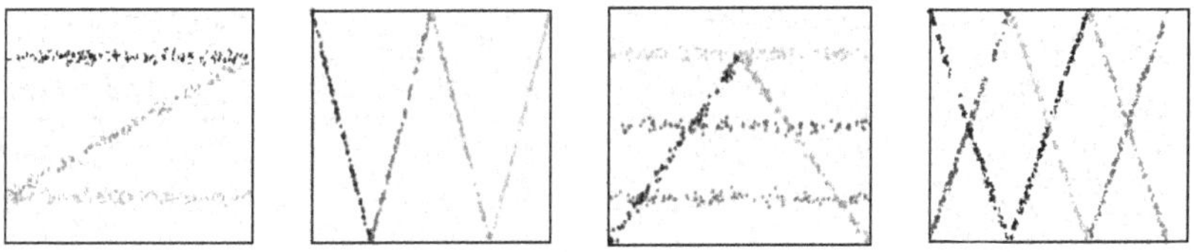

(a) 输入数据

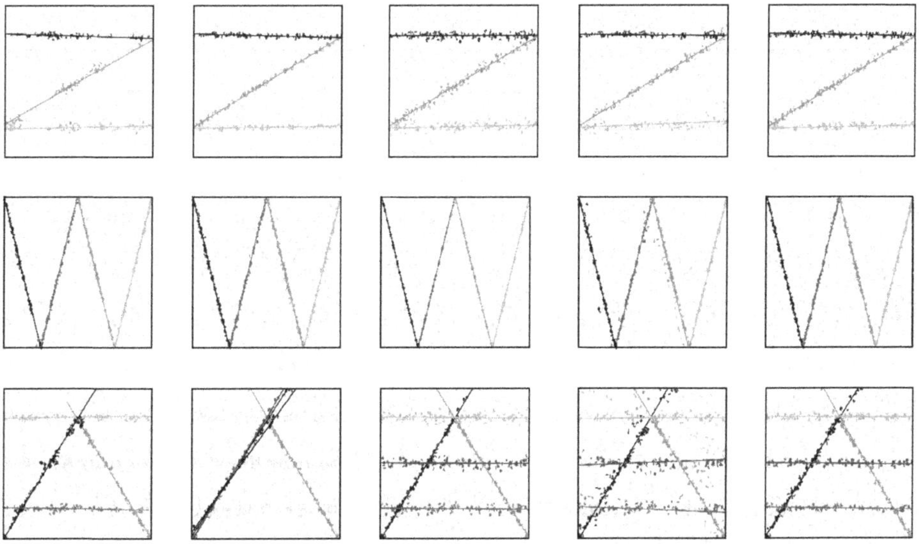

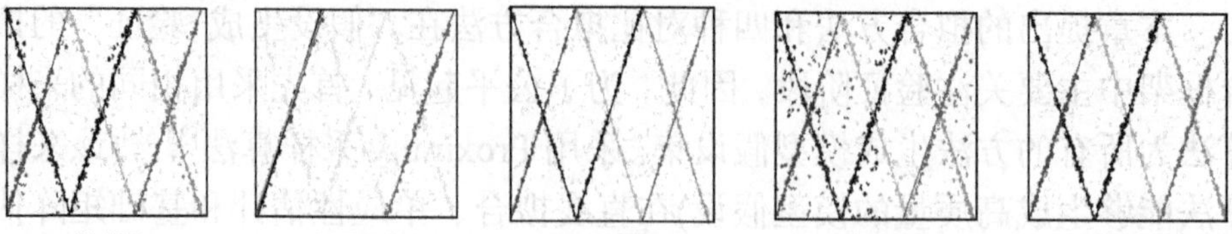

(b) KF (c) RCG (d) AKSWH (e) T-linkage (f) HF

图 3.3 直线拟合和分割示例。2～5 行分别拟合三、四、五和六条直线。所有数据集内点噪声尺度设定为 1.5。离群点比例分别为 86%、88%、89%和 90%。(a) 显示真实模型实例的输入数据，其中每条直线含有 100 个内点，且所有的数据点分布在[0,100]区域。(b)～(f) 分别显示 KF、RCG、AKSWH、T-linkage 和 HF 拟合获得的结果

本书将每个实验重复 50 次，并在表 3.1 中给出式(2.18)计算所得的拟合误差的平均值和 CPU 运行时间(该时间不包含采样和假设生成时间)。本书还将所有五个对比拟合方法获得的分割误差平均值相应的拟合结果显示在图 3.3 中。

表 3.1 五种拟合方法在四组人工数据上的直线拟合性能比较

拟合方法	拟合误差中值				CPU 运行时间/s			
	3 lines	4 lines	5 lines	6 lines	3 lines	4 lines	5 lines	6 lines
KF	0.01	0.48	1.86	0.48	14.79	18.45	25.56	34.70
RCG	**0.00**	0.32	2.64	3.10	0.30	0.42	0.8	0.00
AKSWH	**0.00**	0.32	**0.27**	0.51	1.59	1.59	2.85	2.98
T-linkage	**0.00**	0.34	0.44	0.51	142.91	180.57	250.27	314.94
HF	**0.00**	**0.25**	0.32	**0.47**	1.15	1.32	1.18	1.24

从图 3.3 和表 3.1 中可以看出，对于“3 lines”数据集，五种拟合方法均能够以较低的拟合误差成功地拟合出所有直线。对于“4 lines”数据集，五种拟合方法也能够成功地拟合出所有直线，但是 HF 在所有对比拟合方法中取得最准确的结果。对于“5 lines”数据集，KF 成功地拟合出四条直线，但缺失了一条直线。主要是因为 KF 在去除离群点时，往往会去除一些内点，其中处于中间直线的内点经常会被错误地去除。RCG 只能拟合出其中的两条直线，而将四条直线对应到同一个模型实例中。相反地，AKSWH、T-linkage 和 HF 均能够以相对较低的拟合误差成功地拟合出所有的直线。然而，T-linkage 错误地分割了很多数据点。这主要是因为 T-linkage 采用一种属于聚类的拟合方式，而该类方式往往很难准确地分

割处在交叉位置的数据集。对于“6 lines”数据集，RCG 通过人为参数调整能够准确地估计模型实例的数量，但其只能拟合出两条直线。KF、AKSWH、T-linkage 和 HF 均能拟合出所有六条直线，但是，HF 获得的拟合误差为最低值。整体上，AKSWH 和 HF 在四组人工数据中均能够取得较好的效果，而 T-linkage 也能够拟合出所有直线，但其将很多数据点错误地分割。

在计算时间方面，虽然 RCG 取得最快的速度，但其在“5 lines”数据集和“6 lines”数据集拟合效果比较差。相反地，HF 在所有四组人工数据中，取得第二快的速度且拟合误差是最低或第二低的。其中，HF 和 AKSWH 在“3 lines”数据集和“4 lines”数据集的计算速度相当，但 HF 在“5 lines”数据集和“6 lines”数据集比 AKSWH 大约快 140%。HF 在所有四组人工数据中均比 KF 和 T-linkage 速度快，大约比 KF 快 12.8～27.9 倍，而比 T-linkage 快 124.2～253.9 倍。

为了进一步表明本章所提出的方法在处理模型拟合问题的优势，基于本章构造的超图模型和含有不同度的均匀超图上测试 HF 在不同离群点比例的数据集中的性能，并给出其平均拟合误差，如图 3.4 所示。本章采用两个数据集，即图 3.3 中的“3 lines”数据集和“4 lines”数据集，进行测试。通过改变两个数据集中离群点的数量来改变离群点的比例，这里的离群点包含了一些伪离群点，即来自其他模型实例的内点。从图 3.4(a) 中可以看出，基于不同超图的 HF 随着离群点比例的变化均能够取得较低

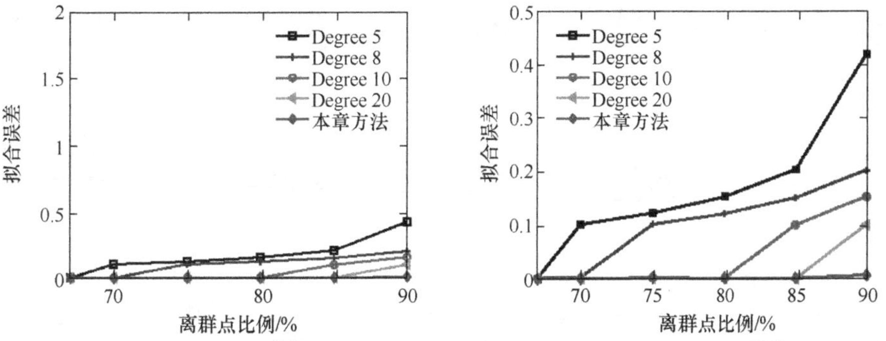

(a) “3 lines”数据　　(b) “4 lines”数据

图 3.4　基于本章构造的超图模型和采用不同度均匀超图的 HF 在不同离群点比例(1–内点数目/数据点总数)的数据集上拟合误差的结果。(a)和(b)分别显示在“3 lines”数据和“4 lines”数据获得的统计结果

的拟合误差均值。但是，基于本章的超图模型的 HF 比基于其他超图模型的 HF 能够取得更加稳定的拟合误差均值。从图 3.4(b)中可以看出，随着度值的增加，拟合误差均值反之降低，而且 HF 在基于含有较低度值的超图上获得较高的拟合误差均值。这进一步说明了采用含有较大度值的超图有利于 HF 处理模型拟合问题。

3.3.2 真实图像上的实验结果与分析

对于真实图像，本书采用“AdelaideRMF”数据集①测试本章提出的拟合方法和四种对比拟合方法在单应性估计和基础矩阵估计的性能，并使用文献[2]的作者提供的真实分割结果和式(2.19)来量化分割误差。

1. 单应性估计

本书从“AdelaideRMF”数据集中选取五组比较有代表性的数据集用于测试单应性估计。每个实验重复 50 次，并在表 3.2 给出了分割误差的平均值和 CPU 运行时间，该时间不包含采样和假设生成时间。本书还将所有对比拟合方法获得的分割误差平均值相应的拟合结果显示在图 3.5 中。

(a) 输入数据

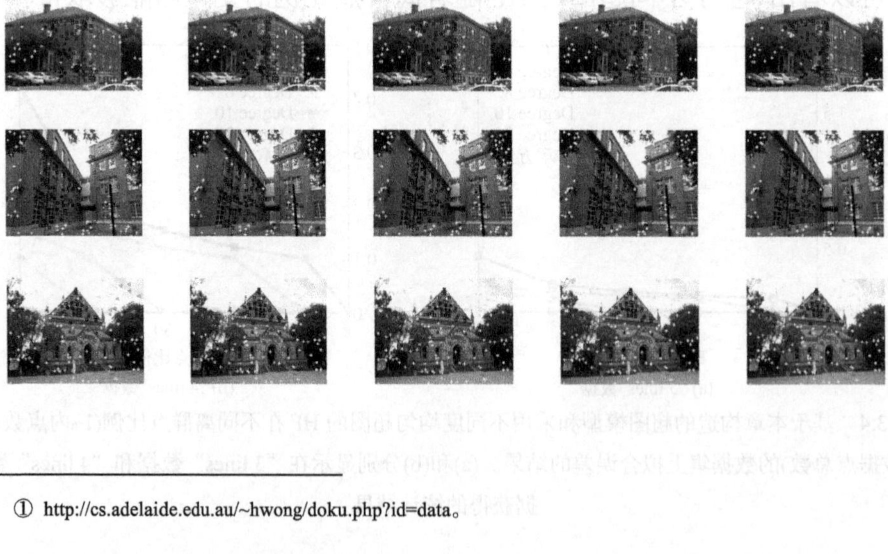

① http://cs.adelaide.edu.au/~hwong/doku.php?id=data。

(b) KF　(c) RCG　(d) AKSWH　(e) T-linkage　(f) HF

图 3.5　单应性拟合示例。2～6 行分别表示五个图像对(这里只显示双视图中的单张图像)，分别是 Ladysymon、Sene、Elderhalla、Neem 和 Johnsona。(a)显示真实模型实例的输入数据，其中，不同符号表示不同的模型实例，白色加号表示离群点。(b)～(f)分别显示 KF、RCG、AKSWH、T-linkage 和 HF 拟合获得的结果

表 3.2　五种拟合方法在五组真实图像上的单应性拟合性能比较

拟合方法	拟合误差中值					CPU 运行时间/s				
	Ladysymon	Sene	Elderhalla	Neem	Johnsona	Ladysymon	Sene	Elderhalla	Neem	Johnsona
KF	16.46	12.08	12.15	10.25	25.74	3.06	5.14	3.54	6.32	16.53
RCG	22.36	10.00	10.37	11.17	23.06	0.83	0.82	1.66	0.83	1.36
AKSWH	8.44	2.00	0.98	5.56	8.55	2.87	2.73	2.79	2.49	2.93
T-linkage	5.06	0.44	1.17	3.82	4.03	20.86	22.78	15.28	21.40	57.11
HF	**3.12**	**0.36**	**0.84**	**2.90**	**3.75**	2.27	2.15	1.92	2.19	2.49

如图3.5和表3.2所示，KF能够成功地拟合三组数据集，即“Ladysymon”、“Sene”和“Neem”，但在其他两组数据集(“Elderhalla”和“Johnsona”)拟合失败。KF 在所有五组数据集中获得的分割误差平均值都比较高。这主要是因为 KF 在去除离群点的同时，往往也会去除一些内点，从而造成算法整体的稳定性不足。RCG 在拟合含有大量无效模型假设的模型假设集时，获得的结果波动较大。因此，虽然 RCG 能够准确地估计模型实例的数量，但其获得的分割误差的平均值也比较高。AKSWH 在所有五组数据集中均能够取得比较好的拟合效果。但 AKSWH 在类时，有时会出现将有些数据集(“Ladysymon”和“Johnsona”)中的两个模型实例合并，无法获得较低分割误差平均值。相反地，T-linkage 和 HF 在所有五组数据集中都取得了比较稳定的拟合效果。其中，HF 在所有数据集中均取得最低

的分割误差平均值。

在计算效率方面，HF 的计算时间与 AKSWH 相当。然而，在所有五组数据集中，HF 大约比 KF 快 1.3～6.6 倍，比 T-linkage 超过快一个数量级。尤其是在含有较多数据点的数据集(“Johnsona”)中，HF 和 T-linkage 之间的计算效率差别会更大，HF 大约比 T-linkage 快 22.9 倍。这主要是因为 T-linkage 采用层次聚类进行迭代计算，在含有较多数据点时，需要使用更多的时间才能使算法收敛。RCG 计算时间上优势较为明显，但其拟合准确率上较差。

2. 基础矩阵估计

本书从“AdelaideRMF”数据集中选取五组比较有代表性的数据集用于测试基础矩阵估计。每个实验重复 50 次，并在表 3.3 给出了分割误差的平均值和 CPU 运行时间，该时间不包含采样和假设生成时间。本书还将所有对比拟合方法获得的分割误差的平均值相应的拟合结果显示在图 3.6 中。

表 3.3　五种拟合方法在五组真实图像上的基础矩阵拟合性能比较

拟合方法	拟合误差均值/%					CPU 运行时间/s				
	D1	D2	D3	D4	D5	D1	D2	D3	D4	D5
KF	12.53	14.83	13.78	16.06	31.07	6.08	7.07	7.66	8.50	25.68
RCG	13.35	12.60	9.94	16.87	37.95	1.34	1.53	2.36	1.71	1.83
AKSWH	7.23	5.45	7.01	8.54	14.95	4.97	6.10	6.44	5.11	5.99
T-linkage	5.62	4.96	7.32	**1.93**	**3.11**	51.65	46.17	91.49	53.44	91.05
HF	**2.45**	**2.23**	**6.59**	**1.93**	3.67	4.87	5.42	5.59	4.98	5.56

注：D1-Cubetoy；D2-Breadcube；D3-Gamebiscuit；D4-Biscuitbookbox；D5-Cubebreadtoychips。

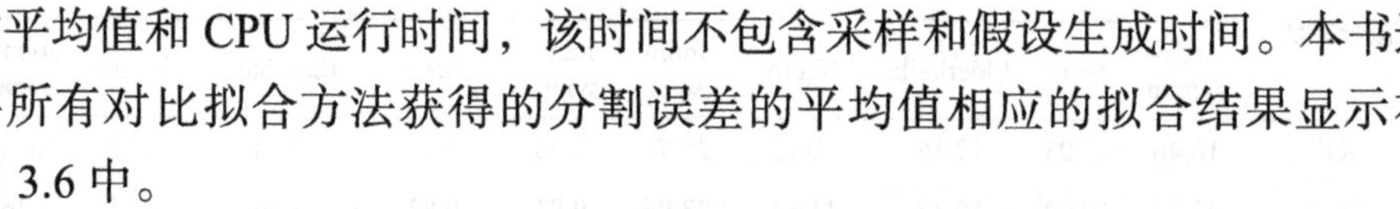

(a) 输入数据

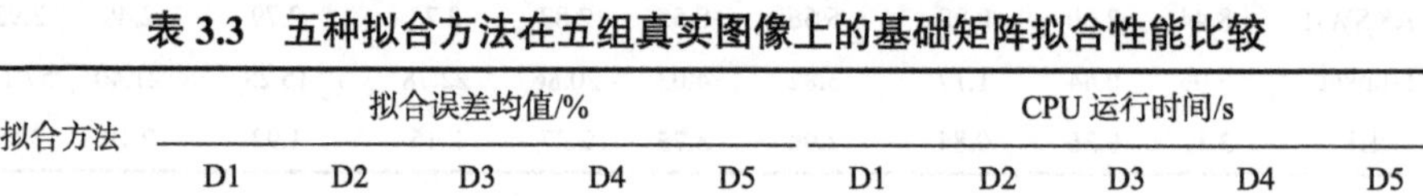

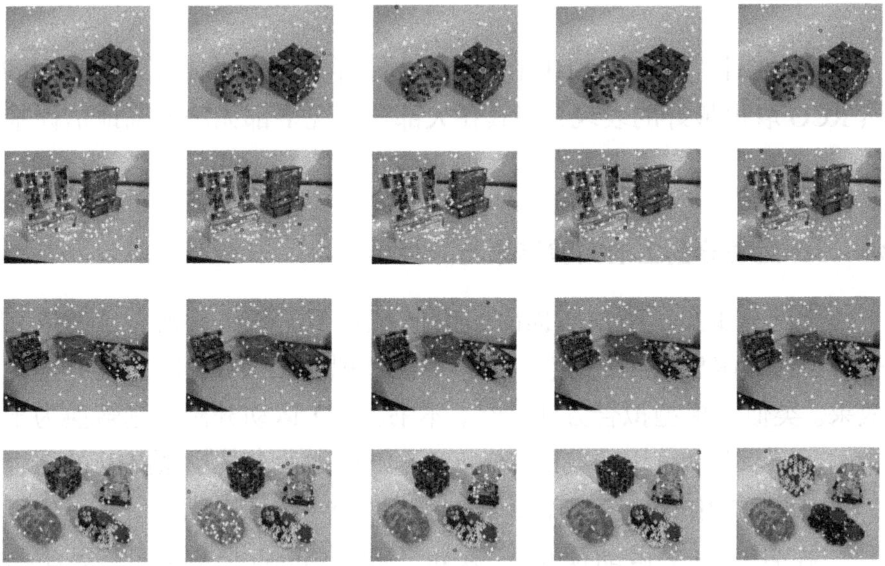

(b) KF　(c) RCG　(d) AKSWH　(e) T-linkage　(f) HF

图 3.6　基础矩阵拟合示例。从 2～6 行分别表示五个图像对(这里只显示双视图中的单张图像)，分别是 Cubetoy、Breadcube、Gamebiscuit、Biscuitbookbox 和 Cubebreadtoychips。(a) 显示真实模型实例的输入数据，其中，不同符号表示不同的模型实例，白色加号表示离群点。(b)～(f) 分别显示 KF、RCG、AKSWH、T-linkage 和 HF 拟合获得的结果

从图 3.6 和表 3.3 可以看到，尽管 KF 在有些数据集(如“Cubetoy”、“Breadcube”和“Gamebiscuit”)上能够成功地拟合出模型实例，但其获得的分割误差平均值比较高。此外，KF 在有些数据集(如“Biscuitbookbox”和“Cubebreadtoychips”)上将多个拟合的模型实例重叠到单个模型实例中。RCG 取得比较差的拟合效果，其在五组数据集中的四组数据集上获得最高的分割误差平均值。基础矩阵的模型假设集中含有的无效模型假设比例较高，这会导致 RCG 无法准确地度量数据点之间的相似度，从而影响 RCG 的拟合效果。相比 KF 和 RCG，AKSWH 的拟合效果会比较好，其在所有数据集中的四组数据集上能够取得较低的拟合误差平均值。然而，AKSWH 在拟合“Cubebreadtoychips”时，遗漏了一个模型实例。这主要有以下两方面原因：一是该模型实例含有的内点数较少，其对应的部分模型假设会被 AKSWH 移除；二是在聚类时，AKSWH 将其合并到其他模型实例中。T-linkage 和 HF 能够有效地拟合出所有模型实例并且取得较低的平均分割误差。但是，HF 在四组数据集上取得了最低的平均分

割误差。

此外，在计算时间上，HF 在所有对比拟合方法中取得第二好的表现，虽然 RCG 取得最好的表现，但其在大部分情况下都无法准确地估计基础矩阵。

3.3.3　3D-运动分割上的实验结果与分析

为了进一步显示本章所提出的拟合方法 HF 相比其他基于参数空间拟合方法(如 AKSWH)的优势，本小节测试拟合方法在 3D-运动分割的拟合效果。类似于模型拟合方法[23,90]，本书将 3D-运动分割问题转换为子空间聚类问题。本书采用经典的“Hopkins 155”数据集[91]评估 HF 的拟合性能，并在图 3.7 中给出了本章拟合方法 HF 的一些拟合结果。从图中可以看到，在含有两个运动模型(“Arm”和“People”)和三个运动模型(“2T3RTCR”和“Cars5”)的数据集中，HF 均能够成功地估计所有运动模型。

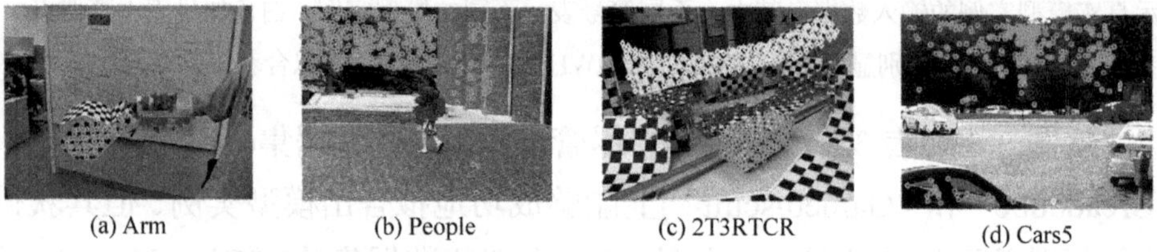

图 3.7　3D-运动分割示例。(a)～(d) 为本章拟合方法在“Hopkins 155”数据集上的一些视频序列拟合获得的结果

为了量化本章提出的拟合方法 HF 的性能，本书采用与文献[90]相同的“checkerboard”视频序列，以便可以直接地与 PM[90]作对比，并间接与 RANSAC、energy minimization[92]、QP-MF[93]和 SSC[94]作对比①。本书将所有对比方法的分割结果显示在表 3.4 中。其中，除了 AKSWH 和 HF，其他结果均从文献[90]摘录而来。还需要指出的是，AKSWH 同样将 3D-运动分割问题转化为子空间聚类问题。如表 3.4 所示，在含有两个运动模

① 本书采用与 PM 相同的输入数据。这样便可以将本章的拟合方法与 PM 直接作对比；而 RANSAC、energy minimization、QP-MF 和 SSC 的分割结果是由文献[90]摘录而来，可以间接地将本章的拟合方法与它们作间接对比。

型的数据集上，HF 能够取得第二低的分割误差平均值，略高于 SSC，并且得到的分割误差中值为零。相反地，AKSWH 在分割误差平均值和中值均取得最高值。这是因为，基于参数空间的拟合方法，数据点的分割完全依赖于拟合的模型实例和相应的内点噪声尺度。而子空间聚类中的差值比较小且非常接近，从而导致内点和离群点很难被区分开。对于含有三个运动模型的数据集，HF 在八个方法中取得第二低的分割误差均值和第四低的分割误差中值。AKSWH 则取得比较差的分割结果。而相比 SSC，HF 能够自适应地估计模型实例的数量且对离群点比较鲁棒。

表 3.4　八种拟合方法在"Hopkins 155"数据集上做 3D-运动分割的性能比较

不同运动模型	拟合误差均值/%								拟合误差中值/%							
	RAN-SAC	Ener-gy	QP-MF	SSC	PM-T1	PM-T2	AKS-WH	HF	RAN-SAC	Ener-gy	QP-MF	SSC	PM-T1	PM-T2	AKS-WH	HF
两个运动模型	6.52	5.28	9.98	2.23	3.98	3.88	10.96	2.57	1.75	1.83	1.38	0.00	0.00	0.00	4.64	0.00
三个运动模型	25.78	21.38	15.61	5.77	11.06	6.81	22.28	6.75	26.01	21.14	8.82	0.95	1.20	1.04	26.06	4.91

注：最优结果加粗表示。

3.4　本 章 小 结

本章提出了一种基于超图模型的拟合方法，用于在特征空间中处理模型拟合问题。HF 将模型拟合问题转化为基于超图模型的子图检测问题。在超图模型中，每个顶点代表一个数据点，而每条超边表示一个模型假设。这使得构建的超图能够含有比较大的度值且是数据驱动的。该超图模型能够有效地表示模型假设和数据点之间的复杂关系。此外，本章还提出了一种基于超图分割的子图检测方法。该方法能够自动地估计模型实例的数量，并同时估计模型实例的参数。

HF 采用文献[84]提出的超图分割算法的变种来处理子图检测问题。然而，该类型的超图分割算法往往不太适用于模型拟合问题。这是因为该类方法倾向于平衡分割，而模型拟合问题的输入数据往往含有大量的离群点和多个模型实例。但是，HF 取代"二路"分割而将数据点同时分割成k类，并且构建含有较大度值的超图且通过超图剪枝去除了很多离群点的干扰。基于此，HF将超图模型与子图检测方法很好地融合在一起，并有效地解决了模型拟合问题。实验结果进一步表明，HF在人工数据和真实数据上，比一些比较流行或最近的拟合方法在拟合准确性和计算速度上更有优势。

第 4 章　基于超图代表性模式搜索的模型拟合方法

4.1　引　　言

本章提出了一种基于迭代超图构造与超图分割的模型拟合方法(iterative hypergraph construction and partition based model fitting method，IHCP)。IHCP 有效加快了拟合模型实例的速度,然而,其计算精度却比较有限。这主要是因为其所采用的超图分割算法为了加快分割速度采用了快速的超图剪枝算法。而该超图剪枝算法往往会去除一些包含较少内点比例的模型实例所对应的超边。

相比简单图，超图能够用于表示更加复杂的数据关系。因此，很多学者提出了一些基于超图的模型拟合方法[54-57,95]。然而，这些方法所构造的超图无法直接用于参数空间中的模型拟合。这主要是因为，这些超图中的每个顶点表示一个数据点。本章提出了一种新型的超图构造方法。如图 4.1 所

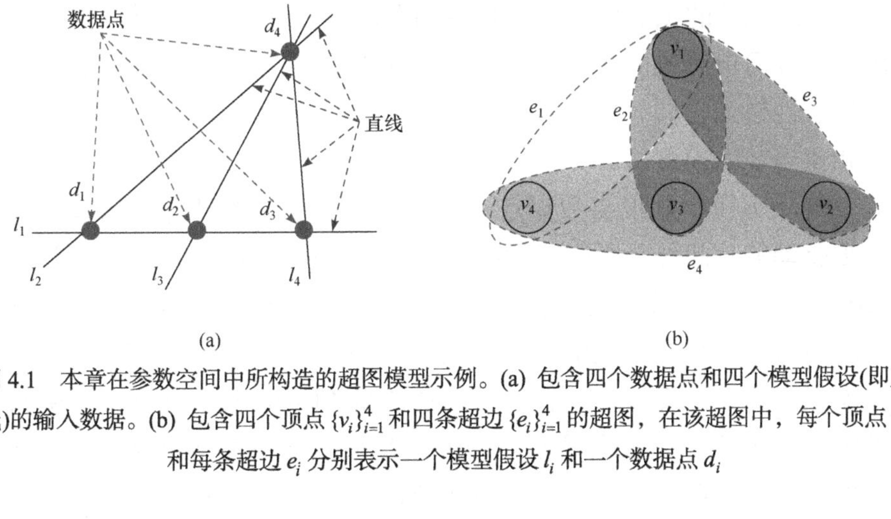

图 4.1　本章在参数空间中所构造的超图模型示例。(a) 包含四个数据点和四个模型假设(即直线)的输入数据。(b) 包含四个顶点 $\{v_i\}_{i=1}^4$ 和四条超边 $\{e_i\}_{i=1}^4$ 的超图，在该超图中，每个顶点 v_i 和每条超边 e_i 分别表示一个模型假设 l_i 和一个数据点 d_i

示，超图中的每个顶点表示一个模型假设，而每条超边表示一个数据点。因此，可以直接在超图上搜索代表性模式来进行拟合模型实例。

模式搜索是一种简单有效的数据分析技术,其被扩展到模型拟合问题中，比如，文献[46]、[47]、[67]、[96]、[97]。基于模式搜索的模型拟合方法在参数空间中通过搜索总体分布的峰值来选择模型实例。参数空间中的每个点对应一个模型假设，而检测到的模式则表示所估计的模型实例。比如，mean shift[67]及其变种[96]通过搜索参数空间中的局部峰值来拟合数据中的模型实例。霍夫变换提出离散化模型参数为多个格子[46]，并用数据点对这些格子进行投票。最后，HT 通过这些投票信息来估计模型实例。RHT[47]是 HT 的一种扩展，通过随机采样生成的模型假设取代数据点对离散化的格子进行投票。这在一定程度上降低了算法的时间复杂度。文献[97]提出将模式搜索与偏好分析结合，以提高算法的有效性。

当前，基于模式搜索的模型拟合方法能够自适应地估计数据中模型实例的数量。然而，它们的性能很大程度上依赖于模型假设的质量。如今大部分采样算法往往会生成大量无效的模型假设，这会直接导致基于模式搜索的模型拟合方法无法准确地估计数据中模型实例的数量。

本章提出了一种基于超图代表性模式搜索的模型拟合(mode-seeking on hypergraphs fitting，MSHF)，用于处理多结构数据。本书首先提出了一种新型超图建模策略，如图 4.1 所示。其次，提出了一种有效的超图剪枝策略，去除无效的顶点以提升所构造超图的有效性。基于所构造的超图，提出了一种简单有效的模式搜索算法来搜索代表性模式。最后，通过所搜索的代表性模式，同时估计数据中模型实例的数量和参数。

相比当前的模型拟合方法，MSHF 主要有三个优势。第一，MSHF 能够有效地表示模型假设与数据点之间的复杂关系，而且每条超边的长度是数据驱动的。此外，所构造的超图能够直接用于模型拟合。也就是说，MSHF 能够避免文献[82]和文献[83]将超图映射为点对相似矩阵。这是因为该映射过程往往会造成信息丢失，进而影响拟合精度。第二，MSHF 直接在参数空间中处理模型拟合问题。这使得 MSHF 具有处理不平衡数据的性能。此处不平衡数据是指数据中来自不同模型实例的内点比例存在严重的不平衡。第三，MSHF 通过分析超图中顶点的权重及其顶点之间的相似性来搜索代表性模式，能够缓解传统模式搜索算法对无效模型假设比例的敏感性，进而提升拟合精度。4.3 节的实验结果表明，相比当前流行的拟合方法，本章所提出的拟合方法在拟合精度上具有明显的优势。

4.2 算法描述

本章将模型拟合问题转化为超图中的模式搜索问题，详细介绍了 MSHF 的具体细节。首先，4.2.1 节构造超图用于模型拟合。接着，4.2.2 小节提出新型的超图剪枝策略以去除无效的顶点。基于剪枝后的超图，4.2.3 小节提出简单有效的模式搜索算法以搜索超图中的代表性模式。最后，4.2.4 小节总结了本章所提出的完整算法。

4.2.1 超图构造

与第 2 章类似，一个超图 $G=(V,E,W)$ 包含一个顶点集 V 、一个超边集 E 和一个权重集 W 。本书对每个顶点 $v \in (V)$ 赋值一个权重分数 $w(v)$ 来评估每个顶点的质量。顶点与超边的关系采用关联矩阵 H 表示。每个顶点的度计算如下：

$$d(v)=\sum_{e \in E} h(v,e)$$

一个超图中的顶点表示模型假设而超边表示数据点。具体的超图构造步骤介绍如下。对于给定的输入数据 $X=\{x_i\}_{i=1}^{n}$ ，其中 n 为输入数据点的数量，首先进行采样以生成模型假设，并同时估计每个模型假设的内点噪声尺度。接着，根据模型假设与数据点的归属关系，将顶点与相应的超边相连。可以看到，所构造的超图能够有效地表示模型假设与数据点之间的复杂关系。

基于普通的采样算法，所构造的超图往往会含有大量的顶点。为此，类似于式(2.5)，本书基于无参核密度估计技术对顶点进行权重度量。对于顶点 $v_i \in (V)$ ，它的权重为

$$w(v_i)=\frac{1}{d(v_i)}\sum_{e \in E}\frac{h(v_i,e)\mathrm{EK}(r(v_i,e)/h_{v_i})}{\tilde{S}_{v_i}h_{v_i}} \tag{4.1}$$

式中，$r(v_i,e)$表示相应模型假设与数据点之间的残差值；$\tilde{S}_{v_i}$为相应模型假设的内点噪声尺度(通过 IKOSE[48]来计算)；$\mathrm{EK}(\cdot)$为经典的 Epanechnikov 的核函数；h_{v_i}表示相应模型假设的带宽。

式(4.1)与式(2.5)具有明显的不同：式(4.1)在计算权重时只考虑内点的残差信息，而式(2.5)包含了所有数据点的残差信息。显然，离群点的残差信息会干扰权重评估的准确性。因此，相比式(2.5)，式(4.1)能够更有效地评估超图中每个顶点的质量。

4.2.2 超图剪枝

启发于信息理论算法[78]，本书提出一种新型的超图剪枝策略以去除超图中无效的顶点。对于给定含有 m 个顶点的超图 G，及其相应的权重分数 $W=\{w(v_1), w(v_2),\cdots,w(v_m)\}$，用 $q_i=\mathrm{mean}(W)-w(v_i)$ 表示所有顶点的权重均值与顶点 v_i 的权重之间的间隔。类似于文献[78]，通过规范化 q_i 来计算顶点 v_i 的先验概率 p_i：

$$p_i=\begin{cases}\dfrac{q_i}{\sum\limits_{j=1}^{m}q_j}, & 若\ q_i>0\\ \xi, & 其他情况\end{cases} \tag{4.2}$$

式中，ξ表示一个无限趋于零的正实数。接着，通过计算先验概率的熵以自适应地选择有意义的模型假设：

$$E=-\sum_{i=1}^{m}p_i\log p_i \tag{4.3}$$

最后，保留信息值($-\log p_i$)大于熵阈值 E 的顶点：

$$V=\{v_i \mid -\log p_i>E\} \tag{4.4}$$

文献[48]也采用信息理论来选择有意义的模型假设。然而，文献[48]采用所有顶点的权重最大值与每个顶点的权重之间的间隔来选择有意义的模型假设。采用权重最大值的策略不仅去除了大量的无效模型假设，同时会去除很多包含较少内点的有效模型假设。相反地，采用权重均值的策略能够有效避免去除很多包含较少内点的有效模型假设。因此，相比文献[48]，本章所提出的超图剪枝策略更加有效。

4.2.3　模式搜索算法

给定剪枝后的超图 G^*，本书的目标是搜索对应数据中模型实例的代表性模式。启发于一种经典的聚类中心点搜索算法[1]，本章提出了一种新型模式搜索算法，将代表性模式定义为含有以下两个特征的顶点：具有较高的权重分数及明显相异于所有权重分数比它大的顶点。这与聚类中心点搜索算法[1]中定义聚类中心点是一致的，如图 4.2 所示，每个聚类中心点含有两种特征，即具有较高的密度值和远离所有密度比它大的数据点。可以通过式(4.1)度量超图中每个顶点的权重。接下来，本章采用一种基于 Tanimoto 距离[98](T-distance)的相似性度量方式来评估超图中顶点之间的关系。此处的 T-distance 是用于量化两个顶点所连接的超边集之间的重合度。即，如果两个顶点所连接的超边集越相似，那么它们的相似度就越大。

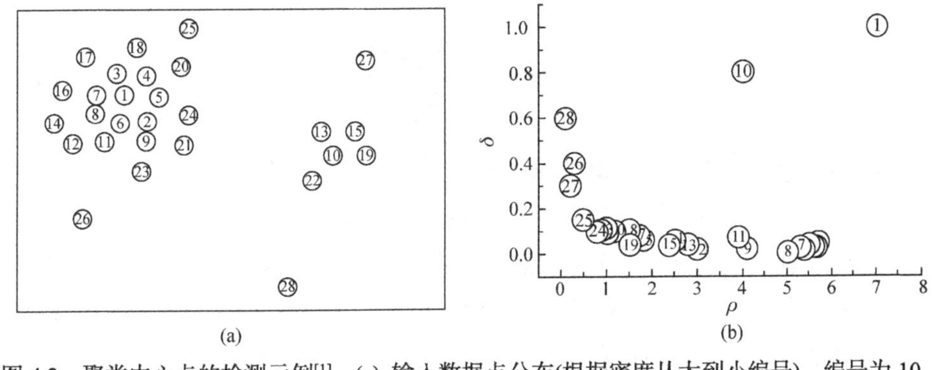

图 4.2　聚类中心点的检测示例[1]。(a) 输入数据点分布(根据密度从大到小编号)，编号为 10、13、15、19、22 的点表示来自同一类。(b) 数据点的决策树，其中，横坐标表示密度，而纵坐标表示每个数据点与密度比该数据点大的所有其他点的最短距离。编号为 1 和 10 的数据点为聚类中心点

给定两个顶点 v_p 和 v_q，它们的 T-distance 计算如下：

$$T(C_{v_p},C_{v_q})=1-\frac{\left\langle C_{v_p},C_{v_q}\right\rangle}{\left\|C_{v_p}\right\|^2+\left\|C_{v_q}\right\|^2-\left\langle C_{v_p},C_{v_q}\right\rangle} \tag{4.5}$$

式中，$\langle\cdot,\cdot\rangle$ 和 $\|\cdot\|$ 分别表示标准内积和相应导出范数。C_{v_p} 和 C_{v_q} 分别表示顶

点 v_p 和 v_q 对于超边集 $\mathcal{E}$ 的偏好函数。其中，一个顶点 v_p 对于一条超边 $e \in E$ 的偏好函数定义如下[23]：

$$C_{v_p}^{e} = \begin{cases} \exp\left\{-\dfrac{r(v_p,e)}{\tilde{S}_{v_p}}\right\}, & \text{若 } r(v_p,e) \leqslant \hat{E}\tilde{S}_{v_p} \\ 0, & \text{其他情况} \end{cases} \tag{4.6}$$

式中，$\hat{E}$ 是一个非负阈值(本书将 $\hat{E}$ 设为 2.5，用于表示包含高斯分布中 98%的内点)。偏好函数用于计算超边集相对于一个顶点的偏好排序，即，如果一个顶点越偏好一条超边，那么该超边的偏好值越大，排序越靠前；反之，该超边的偏好值越小，排序越靠后。采用式(4.6)计算一个顶点的偏好值，能够有效地分析数据点与模型假设之间的残差信息。也就是说，一个顶点偏好于超图中对应含有较小残差值的数据点的超边。结合超图的表示方式，将式(4.6)重写如下：

$$C_{v_p} = h(v_p,e)\exp\left\{-\frac{r(v_p,e)}{\tilde{S}_{v_p}}\right\}, \quad \forall e \in E \tag{4.7}$$

T-Linkage[23]也采用 T-distance 来度量相似性，但其与本章的 T-distance 有明显的不同。①本书定义的偏好函数是一个顶点(一个模型假设)对应于一个超边集(内点)，而在 T-Linkage[23]中，定义的偏好函数是一个数据点对应于模型假设。因此，采用本章的偏好函数，模型假设之间的相似性能够有效性表示。②本章所采用的 T-distance 不需要多层次地迭代计算，而 T-Linkage[23]中的 T-distance 需要不断地迭代，直到其所采用的层次聚类算法完成数据点的分割。因此，相比 T-Linkage[23]中的 T-distance，本章的 T-distance 更加高效。

基于相似性度量标准和权重分数，计算超图 G^* 中一个顶点 v_i 的最小 T-distance(minimum T-distance，MTD)如下：

$$\eta_{\min}^{v_i} = \min_{v_j \in \Omega(v_i)} \{T(C_{v_i}, C_{v_j})\} \tag{4.8}$$

式中，

$$\Omega(v_i)=\{v_j \mid w(v_j)>w(v_i), v_i\in N(v_i)\} \tag{4.9}$$

$$N(v_i)=\left\{v_j \left| \frac{\sum_{e\in E} h(v_i,e)h(v_j,e)}{\sum_{e\in E}(h(v_i,e)+h(v_j,e))} > e, v_j\in V \right.\right\} \tag{4.10}$$

式(4.9)中，$\Omega(v_i)$包含了顶点v_i的邻居中权重大于$w(v_i)$的顶点；$N(v_i)$表示超图G^*中v_i的邻居顶点。式(4.10)中，$\frac{\sum_{e\in E} h(v_i,e)h(v_j,e)}{\sum_{e\in E}(h(v_i,e)+h(v_j,e))}$表示两个顶点($v_i$和$v_j$)所共同连接的超边的比例。设定$\varepsilon=0.8$，表示在超图中两个顶点至少共同连接 80%的超边。对于含有最大权重分数的顶点$v_{\max}$，其 MTD 为$\eta_{\min}^{v_{\max}}=\max\{\mathrm{T}(C_{v_{\max}},C_{v_i})\}_{v_i\in N(v_{\max})}$。

本书注意到，一个含有局部最大权重分数的顶点，往往含有更大的 MTD。因此，本书提出通过寻找含有较大 MTD 进行搜索代表性模式。

4.2.4　本章所提出的模型拟合方法

本小节基于前面的小节总结本章所提出的模型拟合 MSHF，如式(4.1)所示，MSHF 包含三个主要步骤:超图构造、超图剪枝和模式搜索。

针对超图构造，本书提出采用非均匀超图来表示模型假设与数据点之间的复杂关系。如文献[57]提到的一样，本书也认为采用大超边对模型拟合问题更加有效。图 4.3 显示了经典超图分割算法 NCut[84]基于不同类型的超图的直线拟合结果。对比含有不同度的均匀超图和本章所提出的

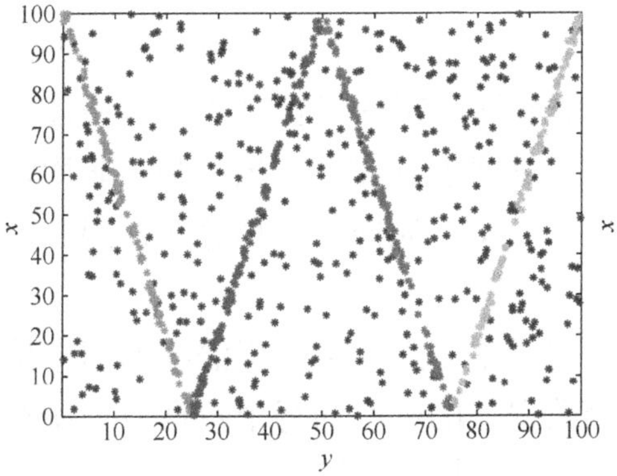

(a)

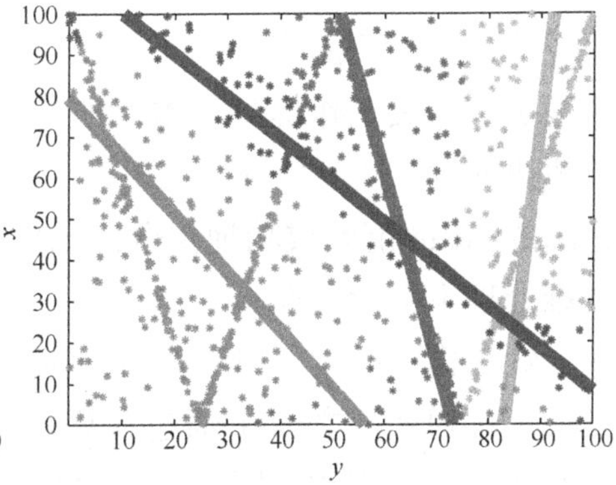

(b)

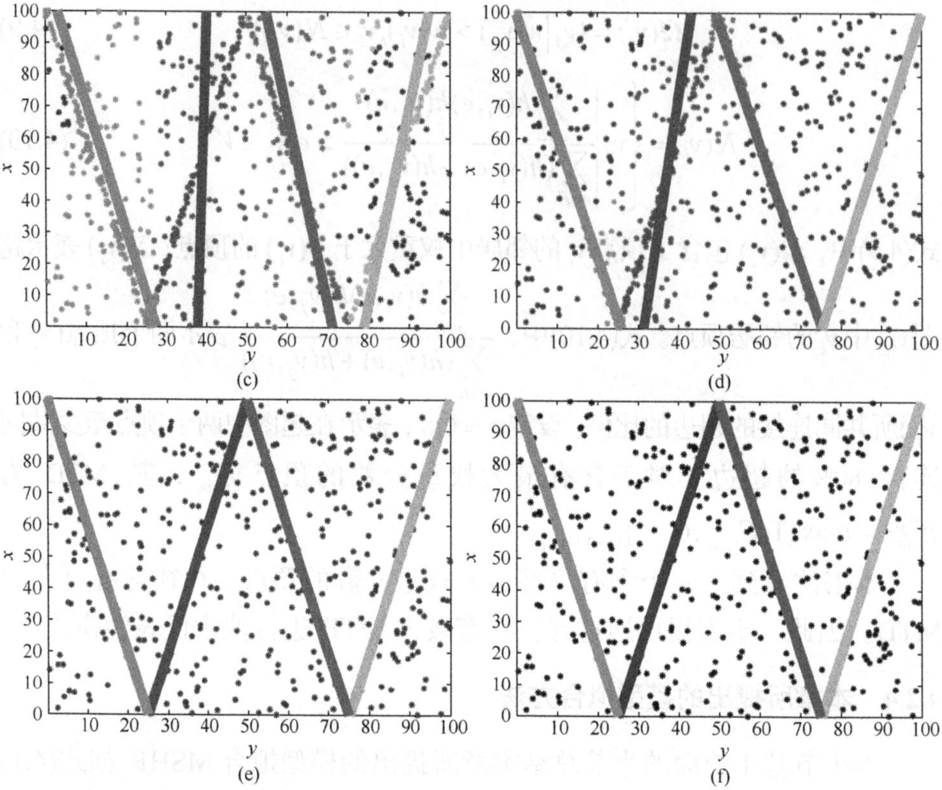

图 4.3　基于不同类型超图的 NCut 拟合直线示例。(a)为输入数据，远离直线的数据点表示离群点，其他靠近相同直线的数据点为来自相同模型实例的内点。(b)～(e)分别表示基于度为 3、6、9 和 12 的均匀超图的 NCut 的拟合结果。(f)表示基于本章所提出的非均匀超图的 NCut 的拟合结果

非均匀超图的拟合性能后发现，相比基于较小度的均匀超图的 NCut，基于较大度的均匀超图的 NCut 能够取得更准确的拟合结果。然而，如何自适应地确定超边的度仍然是一个没有解决的问题，而且该问题虽然重要却很少被相关工作提到。本章所构造的非均匀超图能够自适应地估计每条超边的度，且含有较大的超边。当然，需要指出地是，虽然基于非均匀超图的 NCut 能够成功地拟合该示例，但 NCut 倾向于平衡分割，因此它很难处理不平衡数据。

针对模式搜索，MSHF 采用搜索聚类中心点的类似想法在超图中搜索代表性模式。文献[1]通过计算每个数据点的密度和每个数据点与所有比其更大密度的数据点之间的最小距离来搜索聚类中心点。类似地，

MSHF 在超图中计算每个顶点 v 的权重分数 $w(v)$ 和每个顶点与所有比其更大权重分数的顶点之间的最小 T-distance(MTD) $\eta_{\min}^{v}$ 来搜索代表性模式。图 4.4 显示了 MSHF 在“star5”数据集中拟合五条直线的示例。在图 4.4(b) 中，本书根据每个顶点的 MTD $\eta_{\min}^{v}$，及其相应的权重分数的非降排序，直观地表示所搜索的代表性模式。本书将这种表示图称为决策图。MSHF 根据决策图中的代表性模式来估计数据中的模型实例，如图 4.4(c)所示。

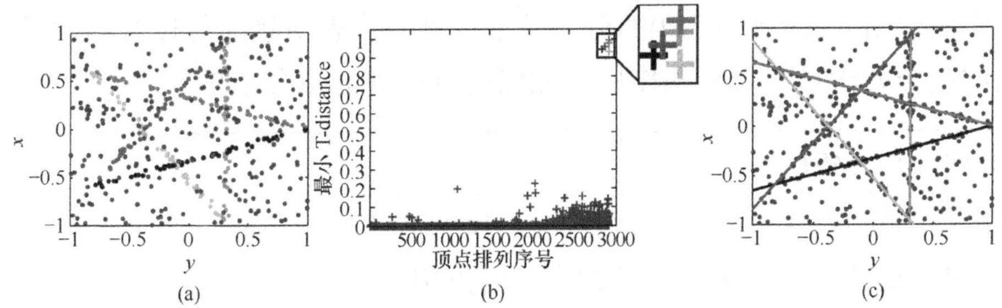

图 4.4　MSHF 在“star5”数据集中拟合五条直线的示例。(a)为输入数据，远离直线的数据点表示离群点，其他靠近相同直线的数据点为来自相同模型实例的内点。(b)为得到的决策图，超图中每个顶点根据它们的权重分数按非减排序，含有最大 MTD 的顶点(图中的放大区域的五个加号)为所搜索的五个代表性模式。(c)为根据搜索的模式估计得到的五条直线

文献[1]一般情况下，可以通过相应的决策图直观地搜索聚类中心点。然而，数据集中孤立的数据点虽然密度值较小，但其与所有比其更大密度的数据点之间的最小距离依然很大。这会严重影响聚类中心点搜索的准备性。对于模型拟合问题，本章所提出的模式搜索算法能够有效地拟合直线。这是因为，在直线拟合的参数空间中，生成的模型假设的参数分布相对密集，因此，基本不会出现孤立的顶点(对应含有较小权重分数的无效模型假设)。然而，在高阶拟合的参数空间中，如单应性估计和基础矩阵估计，生成模型假设的参数分布往往比较稀疏。在这种情况下，有可能会出现少量的孤立顶点跟代表性模式(对应含有较大权重分数的有效模型假设)一样具有较大的 MTD。这将会严重影响本章所提出的模式搜索算法的有效性。

为了解决上述问题，算法 4.1 中的步骤 2，提出事先去除对应无效模型假设的顶点。因此，超图剪枝(如 4.2.2 小节所述)MSHF 具有重要的作用。为了更直观地显示超图剪枝对 MSHF 的拟合性能的影响，测试 MSHF 基于两种超图的单应性估计结果，如图 4.5 所示。这两种超图分别是没有使用超图剪枝的超图 G 和使用超图剪枝的超图 G^*。可以看到，基于超图

G的 MSHF 很难根据 MTD 来选取三个有意义的模型假设。这是因为对应一个含有较低权重分数的无效模型假设的顶点(图 4.5(a)中箭头所指向的)同样也有一个很大的 MTD。因此，所拟合的模型实例存在两个拟合的模型实例对应一个真实的模型实例，即图 4.5(b)中间的墙面被拟合成两个模型实例。相反地，采用超图剪枝能够有效地去除对应无效模型假设的顶点。基于超图G^*的 MSHF 通过搜索 MTD 的最大落差准确地估计三个模型实例。图 4.5(b)和 4.5(d)的分割结果，进一步表明超图剪枝对本章所提出的拟合方法具有重要的作用，能促进更准确的拟合结果。

算法 4.1　MSHF

输入：数据点$X=\{x_i\}_{i=1}^n$，内点噪声尺度估计子 IKOSE 中的k值。

输出：估计的模型实例及其相应的内点集。

1. 构造超图模型G，并评估每个顶点的权重(4.2.1 小节所述)。
2. 采用信息理论进行超图剪枝以生成新的超图G^*(4.2.2 小节所述)。
3. 通过式(4.8)计算超图G^*中每个顶点v的 MTD。
4. 根据超图中的每个顶点的 MTD，对这些顶点进行非降排序：$\eta_{\min}^{v_1}\geqslant\eta_{\min}^{v_2}\geqslant\cdots$。
5. 搜索顶点v_i使得该顶点的 MTD 是从$\eta_{\min}^{v_i}$到$\eta_{\min}^{v_i+1}$的最大跳跃。
6. 保留超图中 MTD 大于$\eta_{\min}^{v_i}$的顶点作为搜索的代表性模式。
7. 根据搜索的代表性模式，获取估计的模型实例及其相应的内点集。

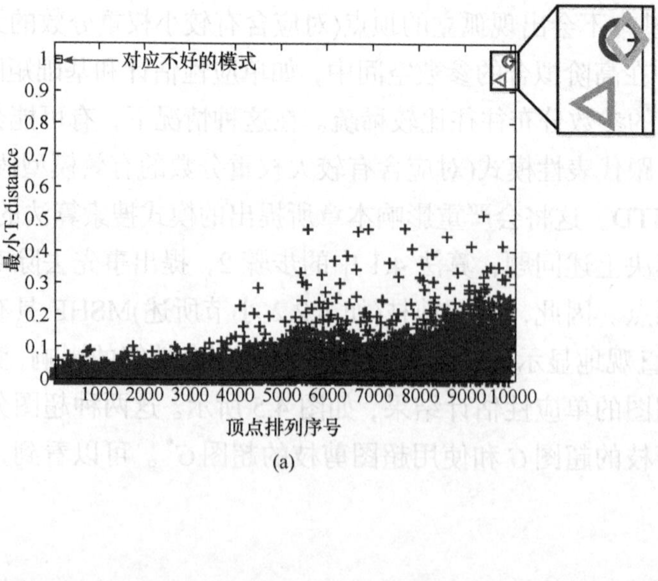

(a)

(b)

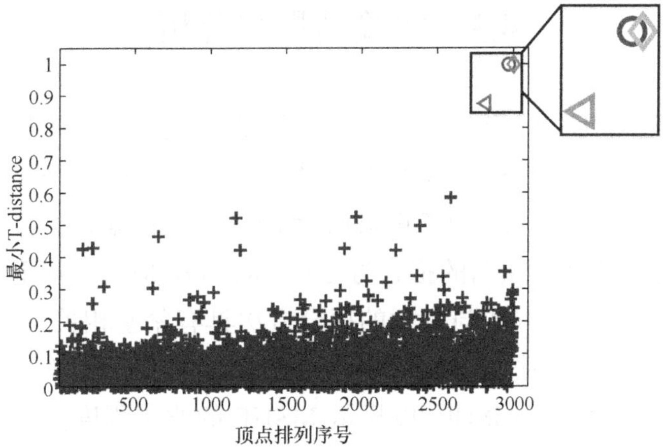

(c)

(d)

图 4.5　MSHF 在“Neem”[2]上基于不同超图的单应性估计示例。(a)和(c)分别表示 MSHF 基于超图 G 和 G^* 得到的决策图。(b)和(d)分别表示 MSHF 基于超图 G 和 G^* 得到的拟合结果

整体上，MSHF 将超图构造、超图剪枝和模式搜索紧密地结合在一

起，以快速有效地拟合多结构数据中的模型实例。在算法的时间复杂度方面，计算超图中两个顶点之间的 T-distance，即算法 4.1 的步骤 3，主导整个算法的时间复杂度(此处主要关注模型拟合中的模型选择问题，没有考虑模型假设的生成时间)，算法 MSHF 的其他步骤只需要少量的时间。对于步骤 3，计算每个顶点的邻居和顶点之间的 T-distance 的时间复杂度分别是 $O(M\log M)$ 和 $O(MM')$ 。这里，M 表示超图 G^* 顶点的数量。根据经验值，M 大约为超图 G 的所有顶点数的 15%～30%。$M'(\gg \log M)$ 表示超图 G^* 的平均邻居数量。因此，MSHF 的整体时间复杂度大约为 $O(MM')$ 。

4.3 实验结果与分析

本节通过对比一些当前流行模型拟合方法来验证 MSHF 的有效性和鲁棒性。本节对比了四种拟合方法，即 KF[50]、RCG[55]、AKSWH[48]、T-linkage[23]。这是因为，KF 和 T-linkage 是两种基于数据聚类算法的拟合方法；RCG 是一种基于超图的拟合方法；AKSWH 是一种基于参数空间的拟合方法。这些拟合方法与本章的拟合方法具有紧密相关，即 MSHF 通过超图的模式搜索算法在参数空间中拟合多结构数据。此外，本节还对比了 MSHF 的原始算法 MSH[99]以显示 MSHF 的改进程度。对应 MSHF，本节测试了两个版本，即在式(4.8)中没有采用邻居限制的 MSHF1，和在式(4.8)中采用邻居限制的 MSHF2。

因为本节的所有对比拟合方法主要关注模型拟合问题中的模型选择，因此，为了公平起见，本节在每个实验中，事先采用相同的采样算法(此处采用有效的采样算法 Proximity[33, 52])生成模型假设。接着，所有对比方法在生成的模型假设上公平地对比模型选择的性能。类似于文献[48]，本节规定模型假设的数量如下：生成 5000 个模型假设用于直线拟合(4.3.1 小节)和圆形拟合(4.3.2 小节)；生成 10000 个模型假设用于单应性估计(4.3.3 小节)；生成 20000 个模型假设用于基础矩阵估计(4.3.4 小节)。

本书在每个数据集上通过优化所有对比拟合方法①的参数以得到最

① 对于 KF 和 T-linkage，本书分别采用发布在网址 http://cs.adelaide.edu.au/~tjchin/doku.php?id=code 和 http://www.diegm.uniud.it/fusiello/demo/jlk/的源代码；对于 RCG 和 AKSWH，本书采用作者提供的源代码。

好的拟合结果。而对于本章提出的方法(即 MSH 和 MSHF1/MSHF2)，本节只有微调 IKOSE 中的 K 值。大部分情况下，本节设定 K=10%*n，其中，n 为输入数据点的数量。在一些挑战性数据集，即包含小于 10%内点的数据集，本节降低 K 值以得到好的内点尺度估计值。本节使用的 PC 机的配置为 Intel Core i7-3770、3.4GHz CPU 和 16GB RAM 的 MS Windows 10，本节采用式(2.19)的评估标准来计算分割误差。

4.3.1 直线拟合

本小节在真实图像中测试所有对比拟合方法拟合直线的性能，如图 4.6 所示。对于包含七条直线的“Tracks”图像，本小节采用 Canny 算子[100]提取 6704 边缘点。图 4.6 显示了七种对比拟合方法的拟合结果，表 4.1 统计了它们所使用的 CPU 时间。从图 4.6 和表 4.1 中可以看到，AKSWH、T-linkage、MSH 和 MSHF1/MSHF2 均能准确地拟合所有七条直线。然而，相比 AKSWH 和 T-linkage，MSH 和 MSHF1/MSHF2 能够更加快速地拟合。T-linkage 非常慢，是因为该数据集中包含大量的数据点，而其采用层次聚类数据点的速度跟数据点的数目成正比。RCG 准确地估计了图像中包含直线的数量，但其所估计的模型实例对应于同一个真实模型实例。KF 在进行离群点去除时，经常将内点误认为离群点被去除，导致无法准确地估计所有直线。

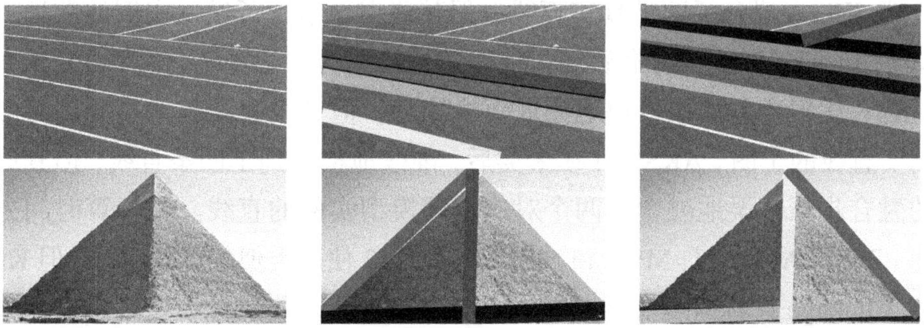

(a) 输入数据 (b) KF (c) RCG

(d) AKSWH (e) T-linkage (f) MSHF2

图 4.6 真实图像上直线拟合的示例。(a) 为输入的原始图像，每个第 1 行("Tracks")和第 2 行("Pyramid")分别表示拟合七条和四条直线。(b)~(f) 分别显示 KF、RCG、AKSWH、T-linkage 和 MSHF2 拟合获得的结果。此处没有显示 MSH 和 MSHF1 的拟合结果，因其结果与 MSHF2 类似

表 4.1 七种对比拟合方法拟合直线和圆形时所使用的 CPU 时间 (单位：s)

数据集	KF	RCG	AKSWH	T-linkage	MSH	MSHF1	MSHF2
Tracks	133.71	9.76	8.81	23256.00	7.21	8.26	**7.12**
Pyramid	79.28	8.12	**7.23**	13600.00	8.05	8.65	7.62
Coins	65.02	6.29	5.84	8746.50	5.02	5.16	**4.48**
Bowls	9.01	4.33	3.68	862.34	3.81	3.98	**3.64**

注：最优结果用粗体表示。

对于包含四条直线和大量离群点的"Pyramid"图像，本小节采用 Canny 算子提取 5576 边缘点。从图 4.6 和表 4.1 中可以看到，只有 T-linkage、MSH 和 MSHF1/MSHF2 成功地拟合出所有四条直线。相反地，虽然 KF 也拟合了四条真实直线，但其错误地估计了模型实例的数量。RCG 和 AKSWH 只有准确地估计四条直线中的三条直线。尽管 RCG 在所有对比拟合方法中较快地完成直线拟合，但其没有准确地检测到对应真实直线的子图。AKSWH 在聚类后，准确地检测到了四条直线，但其后的融合步骤错误地融合了两个对应不同模型实例的直线。在计算时间方面，RCG、AKSWH、MSH 和 MSHF1/MSHF2 使用类似的计算时间，但 KF 和 T-linkage 计算速度非常缓慢。

4.3.2 圆形拟合

本小节测试七种对比拟合方法在真实图像上拟合圆形的性能，如图 4.7 所示。对于包含相似内点数量的五个圆形的"Coins"图像，本书采用

Canny 算子提取 4595 边缘点。从图 4.7 和表 4.1 中可以看到，AKSWH、T-linkage、MSH 和 MSHF1/MSHF2 可以准确地拟合所有五个圆形。而 MSH 和 MSHF1/MSHF2 是在所有七种对比拟合方法中计算速度最快的前三个拟合方法。相反地，KF 两个拟合的模型实例对应到同一个圆形中，而 RCG 只能准确地拟合五个圆形中的四个圆形。

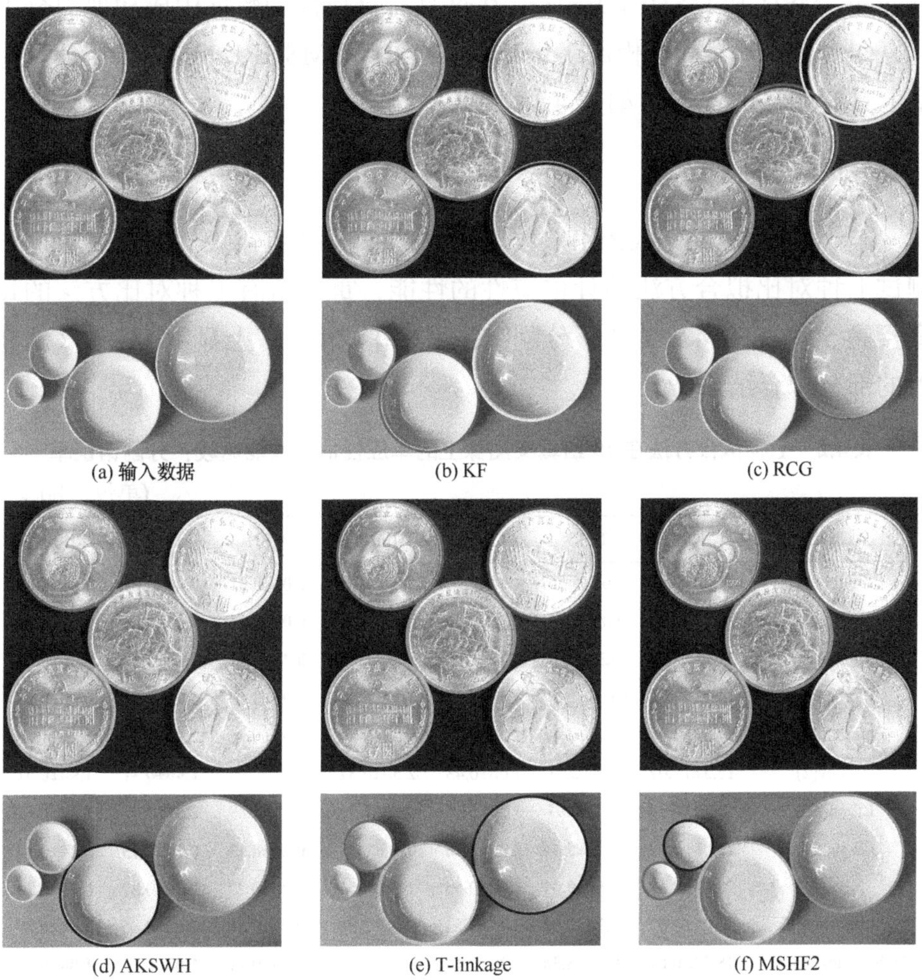

图 4.7　真实图像上圆形拟合的示例。(a) 为输入的原始图像，每个第一行(“Coins”)和第二行(“Bowls”)分别表示拟合五个和四个圆形。(b)～(f) 分别显示 KF、RCG、AKSWH、T-linkage 和 MSHF2 拟合获得的结果。此处没有显示 MSH 和 MSHF1 的拟合结果，因其结果与 MSHF2 类似

对于包含不平衡内点数量的四个圆形的“Bowls”图像，本小节采用 Canny 算子提取 1565 边缘点。可以看到，KF 和 RCG 将两个圆形叠加在用一个圆中。AKSWH 准确地拟合三个圆形，而漏掉其中一个圆形。这是因为，AKSWH 在选择有意义的模型假设时，往往会把大部分含有较小内点比例的圆形所对应的模型假设也当作无效模型假设去除。相反地，T-linkage、MSH 和 MSHF1/MSHF2 在这具有挑战性的数据中成功地拟合出所有四个圆形。然而，相比 T-linkage、MSH 和 MSHF1/ MSHF2 在计算速度上具有明显的优势，如表 4.1 所示。

4.3.3 单应性估计

本小节从“AdelaideRMF”数据集[2]中选取 19 组代表性的图片对用于测试七种对比拟合方法估计单应性的性能，重复所有七种对比方法的每个实验 50 次。表 4.2 统计了分割错误率，并在图 4.8 上显示 MSHF2 所获得的部分拟合结果。

表 4.2 七种拟合方法在 19 组真实图像上的单应性估计性能比较：分割错误率

(单位：%)

数据集	KF	RCG	AKSWH	T-linkage	MSH	MSHF1	MSFH2
Bonython(1)	31.86±5.29	5.66±5.56	4.54±0.71	28.28±16.54	**0.00±0.01**	**0.00±0.01**	**0.00±0.01**
Physics(1)	10.47±0.29	**0.00±0.01**	22.54±1.91	39.43±14.87	**0.00±0.01**	**0.00±0.01**	**0.00±0.01**
Unionhouse(1)	27.16±2.78	**0.3±0.01**	2.74±1.64	24.81±26.66	**0.30±0.01**	**0.30±0.01**	**0.30±0.01**
Elderhalla(2)	12.15±0.72	10.37±0.37	0.98±0.15	1.17±0.45	**0.93±0.15**	**0.93±0.15**	**0.93±0.15**
Elderhallb(3)	34.51±**0.00**	10.12±2.42	13.06±1.37	12.63±0.58	3.37±0.96	**2.94**±1.10	**2.94**±1.10
Hartley(2)	15.3±17.07	4.88±2.91	4.06±0.43	2.50±0.32	2.81±2.98	**1.90±0.31**	**1.90±0.31**
Library(2)	13.19±6.24	9.77±**0.01**	5.79±5.11	4.65±3.38	2.79±5.89	**2.37**±0.82	**2.37**±0.82
Sene(2)	12.08±6.12	10.00±5.44	2.00±5.78	0.44±0.37	**0.24±0.13**	**0.24±0.13**	**0.24±0.13**
Nese(2)	28.03±9.57	36.61±**0.01**	3.54±0.55	1.88±0.51	**0.20**±0.27	**0.20**±0.27	**0.20**±0.27
Ladysymon(2)	16.46±2.67	22.36±**0.01**	5.74±3.53	5.06±2.58	2.87±0.81	**2.62**±0.86	**2.62**±0.86
Oldclassicswing(2)	18.73±**0.01**	10.34±8.34	1.29±0.14	1.27±0.25	1.13±0.41	**1.08**±0.33	**1.08**±0.33
Neem(3)	10.25±10.75	11.17±5.77	5.56±7.04	3.82±4.96	2.90±5.40	**1.78±0.48**	**1.78±0.48**
Johnsona(4)	25.74±3.18	23.06±1.84	8.551±2.45	4.03±4.73	3.73±1.77	**3.02±1.43**	**3.02±1.43**
Johnsonb(7)	48.32±4.85	41.45±**1.81**	26.49±6.45	18.39±10.51	16.75±5.99	**16.61**±4.96	**16.61**±14.96
Napiera(2)	28.24±**2.49**	30.96±5.22	30.86±4.26	23.37±4.54	32.511±6.53	27.78±3.26	27.78±3.26

续表

数据集	KF	RCG	AKSWH	T-linkage	MSH	MSHF1	MSFH2
Napierb(3)	30.42±5.52	33.59±**0.01**	36.33±0.38	19.92±5.14	14.21±4.19	**13.12**±4.12	**13.12**±4.12
Barrsmith(2)	22.28±4.095	4.64±**3.74**	**20.08**±4.53	29.33±0.65	37.80±15.84	24.48±9.50	24.48±9.50
Unihouse(5)	38.32±8.54	41.70±8.60	14.91±**0.14**	14.04±4.98	10.99±5.39	**9.29**±0.38	**9.29**±0.38
Bonhall(6)	48.32±4.85	41.45±1.81	38.77±5.10	**29.06±0.13**	31.89±8.16	31.65±8.69	31.65±8.69
平均值	24.83	20.97	13.04	13.89	8.7	**7.38**	**7.38**
中值	25.74	11.17	5.79	12.63	2.87	**2.37**	**2.37**

从图 4.8、表 4.2 和表 4.3 可以看到，MSHF1/MSHF2 能够获得很好的拟合结果。它们在 19 组数据中的 16 组数据上取得最低的平均分割错误率。尽管 MSHF1 的计算速度稍慢于 MSH，但其在 19 组数据中的 12 组数据上的分割错误率明显低于 MSH，这是因为，相比 MSH，MSHF1 去除较少的顶点。因此，MSHF1 在搜索代表性模式时需要更多的计算时间。然而，MSHF1 保留了更多的有效模型假设所对应的顶点，而这有效地提高了拟合精度。虽然 MSHF1 取得跟 MSHF2 一样的分割错误率，但

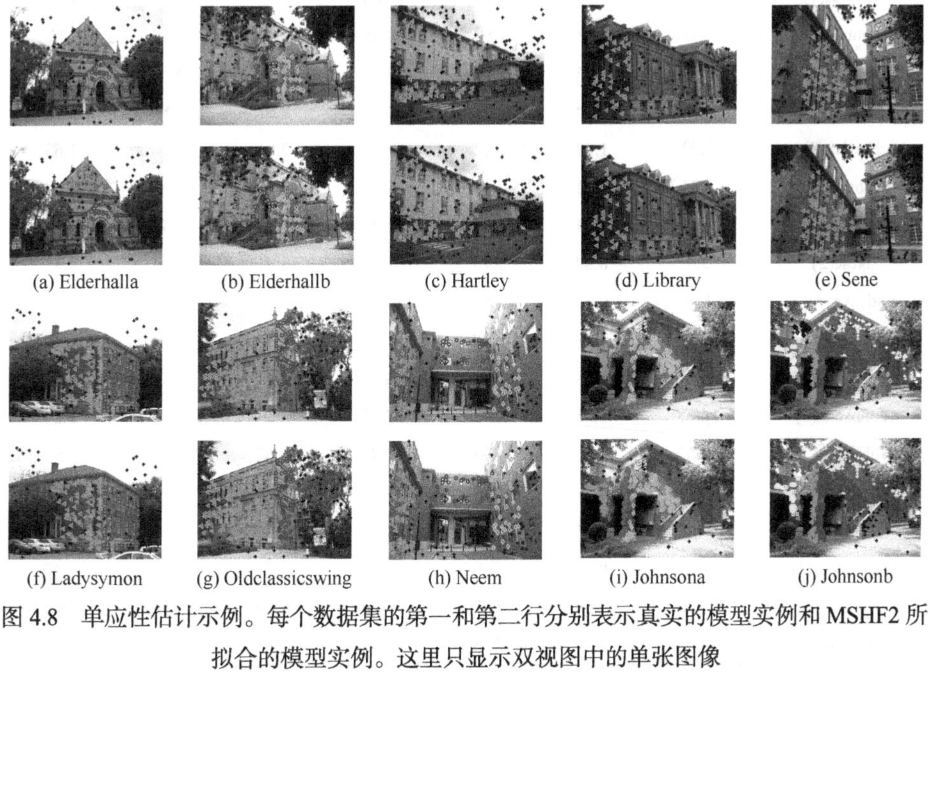

图 4.8　单应性估计示例。每个数据集的第一和第二行分别表示真实的模型实例和 MSHF2 所拟合的模型实例。这里只显示双视图中的单张图像

相比 MSHF1，MSHF2 在所有 19 组数据上的计算速度具有明显的优势。相反地，AKSWH 只在 19 组数据中的 10 组数据上成功地获得较低的分割错误率。T-linkage 在大部分数据中能获得较低的分割错误率，但其计算速度要比其他六种对比拟合方法慢很多。KF 和 RCG 在大部分数据上无法有效地估计单应性。KF 往往将离群点与内点聚在一起，而当生成的模型假设中含有较多无效模型假设时，RCG 对参数非常敏感。对于所有数据的统计结果，MSH 和 MSHF1/MSHF2 在所有七种对比拟合方法中，取得前面三位最低的分割错误率均值和中值。在计算时间方面，RCG 在 19 组数据中的 17 组数据上取得最好的性能，但其无法取得较低的分割错误率。总的来说，MSH 和 MSHF1/MSHF2 对大部分数据能够在有限的时间内取得较低的分割错误率。

表 4.3　七种拟合方法在 19 组真实图像上的单应性估计性能比较：CPU 时间

(单位：s)

数据集	KF	RCG	AKSWH	T-linkage	MSH	MSHF1	MSFH2
Bonython(1)	1.01	**0.49**	1.44	11.65	3.4	3.63	0.96
Physics(1)	3.02	**0.24**	3.45	12.68	1.43	2.33	1.75
Unionhouse(1)	1.42	1.08	1.63	38.05	2.44	2.11	**1.02**
Elderhalla(2)	3.34	**1.66**	2.79	15.28	3.38	4.57	2.16
Elderhallb(3)	3.29	**1.14**	2.34	30.47	2.63	2.87	2.18
Hartley(2)	2.92	**1.21**	2.12	62.16	2.01	2.14	1.63
Library(2)	3.34	**1.71**	2.13	16.04	2.31	3.65	1.8
Sene(2)	5.24	**0.91**	2.73	2.78	2.59	2.11	1.8
Nese(2)	5.4	**0.67**	3.13	24.15	1.91	2.61	2.32
Ladysymon(2)	3.06	**0.83**	2.87	20.86	2.76	3.44	2.39
Oldclassicswing(2)	2.8	**1.66**	2.25	74.89	2.44	3.56	1.81
Neem(3)	6.32	**0.83**	2.49	21.4	2.81	2.78	2.13
Johnsona(4)	16.53	**1.36**	2.93	57.11	3.63	2.96	2.24
Johnsonb(7)	14.52	**4.18**	4.73	261.62	5.67	6.48	5
Napiera(2)	3.14	**0.89**	1.94	29.88	2.76	3.44	2.18
Napierb(3)	2.45	**0.65**	3.33	21.93	2.18	3.31	1.87
Barrsmith(2)	6.06	**0.62**	2.2	18.91	1.92	2.51	1.42
Unihouse(5)	31.27	9.4	8.67	2908.61	**6.25**	13.5	10.5
Bonhall(6)	14.52	4.18	7.58	835.38	**4.15**	9.22	7.87

4.3.4 基础矩阵估计

对于基础矩阵估计，从“AdelaideRMF”数据集中选取剩下的 19 组代表性的图片对用于测试七种对比拟合方法估计基础矩阵的性能，重复所有七种对比方法的每个实验 50 次。表 4.4、表 4.5 统计了分割错误率及其 CPU 时间，并在图 4.9 上显示 MSHF2 所获得的部分拟合结果。

表 4.4　七种拟合方法在 19 组真实图像上的基础矩阵估计性能比较：分割错误率

(单位：%)

数据集	KF	RCG	AKSWH	T-linkage	MSH	MSHF1	MSFH2
Biscuit(1)	0.61±4.30	14.39±**0.35**	1.41±0.42	25.84±23.06	1.30±0.55	1.30±0.55	1.30±0.55
Book(1)	5.88±0.55	7.54±0.73	3.47±1.24	24.54±18.58	0.64±0.42	0.64±0.42	0.64±0.42
Cube(1)	8.70±**0.22**	22.48±0.88	2.21±0.86	23.07±22.34	2.08±0.66	2.08±0.66	2.08±0.66
Game(1)	18.81±0.11	19.31±2.11	2.61±0.97	38.15±32.65	2.44±1.07	2.44±0.74	2.44±0.74
Cubechips(2)	8.42±4.30	13.43±1.04	4.72±3.10	5.63±**0.85**	3.80±1.26	3.55±0.98	3.55±0.98
Cubetoy(2)	12.53±10.80	13.35±1.38	7.23±3.78	5.62±0.80	3.21±1.27	2.16±0.79	2.16±0.79
Breadcube(2)	14.83±3.92	12.60±3.27	5.45±6.06	4.96±1.32	2.69±0.95	2.31±0.78	2.31±0.78
Gamebiscuit(2)	13.78±**0.19**	9.94±9.53	7.01±10.74	7.32±1.85	3.72±2.71	1.95±0.74	1.95±0.74
Breadtoy(2)	8.36±3.41	20.48±5.81	15.03±6.72	7.33±**1.50**	5.90±8.07	4.86±7.76	4.86±7.76
Breadtoycar(3)	16.87±8.22	26.51±8.15	9.04±8.58	4.42±**1.43**	6.63±1.96	5.42±1.96	5.42±1.96
Biscuitbook(2)	12.90±10.71	3.82±5.31	2.89±1.40	2.55±**1.16**	2.60±1.82	2.40±1.82	2.40±1.82
Biscuitbookbox(3)	16.06±4.00	16.87±1.98	8.54±3.17	1.93±1.60	1.54±0.92	1.54±0.90	1.54±0.90
Breadcubechips(3)	33.43±7.26	26.39±6.64	7.39±3.41	1.06±7.03	1.74±4.39	1.74±1.75	1.74±1.75
Cubebreadtoychips (4)	31.07±4.99	37.95±12.18	14.95±**0.95**	3.11±7.72	4.28±7.18	4.25±6.62	4.25±6.62
Breadcartoychips(4)	26.96±7.90	49.36±**1.29**	42.86±5.26	16.96±9.45	33.92±8.96	25.06±6.14	25.06±6.14
Carchipscube(3)	10.96±9.09	38.96±1.59	51.75±1.67	17.51±**0.44**	20.72±5.10	25.51±7.56	25.51±7.56
Toycubecar(3)	27.05±10.23	38.75±**0.48**	34.55±6.06	16.20±1.20	20.35±9.74	14.00±6.57	14.00±6.57
Boardgame(3)	30.21±9.90	45.16± 1.50	48.13±5.96	28.60±1.91	21.68±4.13	21.57±7.77	21.57±7.77
Binoboos(3)	30.86±3.41	54.27±0.92	24.72±10.74	19.52±1.85	16.08±5.32	18.05±2.08	18.05±2.08
平均值	17.27	24.81	15.47	13.38	8.17	7.41	7.41
中值	14.83	20.48	7.39	7.33	3.72	2.44	2.44

表 4.5　七种拟合方法在 19 组真实图像上的基础矩阵估计性能比较：CPU 时间

(单位：s)

数据集	KF	RCG	AKSWH	T-linkage	MSH	MSHF1	MSFH2
Biscuit(1)	6.08	**2.13**	6.19	79.34	5.09	6.01	5.27
Book(1)	6.02	**0.75**	5.49	24.97	4.08	6.56	4.81
Cube(1)	7.02	1.8	5.93	79.48	6.94	6.01	**5.11**
Game(1)	7.11	**1.18**	5.87	42.7	6.99	5.5	4.95
Cubechips(2)	7.94	**1.69**	5.1	64.87	6.45	6.71	5.18
Cubetoy(2)	6.08	**1.34**	4.97	51.65	5.74	6.3	4.89
Breadcube(2)	7.07	**1.53**	6.1	46.17	6.01	6.05	4.82
Gamebiscuit(2)	7.66	**2.36**	6.44	91.49	6.93	7.55	5.81
Breadtoy(2)	22.51	**2.12**	15.18	68.62	9.48	13.02	5.87
Breadtoycar(3)	5.7	**0.98**	4.56	24.15	5.48	6.18	5.06
Biscuitbook(2)	7.84	**2.03**	6.59	129.47	8.52	9.6	6.57
Biscuitbookbox(3)	8.5	**1.71**	5.11	53.44	6.11	6.35	5.44
Breadcubechips(3)	16.53	**1.36**	2.93	57.11	8.35	13.28	4.35
Cubebreadtoychips(4)	25.68	**1.83**	5.99	91.05	9.16	13.09	4.7
Breadcartoychips(4)	6.91	**1.96**	4.92	40.76	6.23	5.14	4.02
Carchipscube(3)	6.52	**1.58**	4.6	18.52	4.84	4.32	3.81
Toycubecar(3)	7.77	**0.68**	5.72	25.35	3.94	6.06	4.73
Boardgame(3)	2.36	1.39	7.57	58.07	**4.34**	5.11	4.63
Binoboos(3)	12.93	2.33	6.66	118.96	**5.54**	5.61	4.89

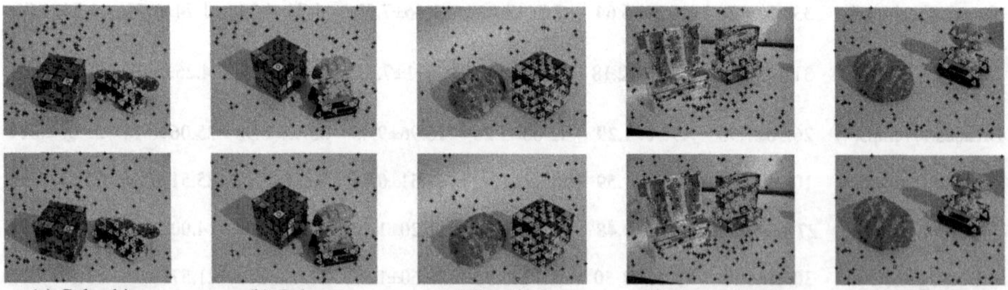

(a) Cubechips　(b) Cubetoy　(c) Breadcube　(d) Gamebiscuit　(e) Breadtoy

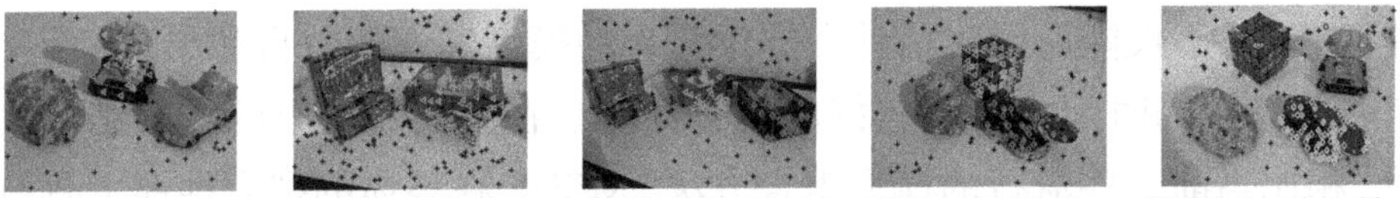

(f) Breadtoycar　(g) Biscuitbook　(h) Biscuitbookbox　(i) Breadcubechips　(j) Cubebreadtoychips

图 4.9　基础矩阵估计示例。每个数据集的第一和第二行分别表示真实的模型实例和 MSHF2 所拟合的模型实例。这里只显示双视图中的单张图像

从表 4.4、表 4.5 和图 4.9 中可以看到，KF 和 RCG 在大部分数据上取得较高的分割错误率。这是因为，为了覆盖数据中包含的所有模型实例，进行基础矩阵估计时往往需要生成大量的模型假设。而所生成的模型假设包含了高比例的无效模型假设。这会影响数据点之间相似性评估的准确性，进一步导致 KF 和 RCG 错误地估计数据中包含的模型实例的数量。相比 KF 和 RCG，AKSWH 能够获得更好的分割错误率。T-linkage、MSH 和 MSHF1/MSHF2 能够获得较低的分割错误率，但相比 T-linkage 和 MSH、MSHF1/MSHF2 能够获得更好的拟合性能。MSHF1/MSHF2 在 19 组数据中的 12 组数据上取得最低的分割错误率，并在剩下的七组数据上取得第二低的分割错误率。同时，MSHF1/MSHF2 在所有结果的统计值中，取得最低的分割错误率均值和中值。

在计算时间方面，MSH 和 MSHF1/MSHF2 相比 RCG 要慢一些(RCG 无法获得较低的分割错误率)。然而，MSH 和 MSHF1/MSHF2 在大部分数据中要比 KF 更加快速。相比能够取得较低分割错误率的 T-linkage，MSH 和 MSHF1/MSHF2 在计算速度方面具有很明显的优势。相比 MSHF1，MSHF2 得益于邻居限制在所有 19 组数据中取得更好的计算时间性能。

4.4　本 章 小 结

本章提出了一种基于超图代表性模式搜索的模型拟合方法，用于处理包含高比例离群点的多结构数据。MSHF 通过超图模型将模型拟合问题转化为超图的模式搜索问题。MSHF 所构造的超图中，能够有效地表示模型拟合问题中模型假设与数据点之间的复杂关系。此外，MSHF 还包含了一种简单有效的模式搜索算法。该模式搜索算法通过分析超图中顶点的权重和顶点之间的相似性，能够快速有效地定位代表性模式。总体来

说，MSHF 不仅能够同时估计数据中包含的模型实例的数目和参数，而且能够在有效的时间内取得较好的拟合性能。在真实数据上的实验结果表明，相比当前一些流行的模型拟合方法，MSHF 在整体的拟合性能上具有明显的优势。

第 5 章　基于超图建模与超图分割相融合的模型拟合方法

5.1　引　　言

在模型拟合问题中，数据点与模型假设之间的关系非常复杂。而如何有效地表示这复杂关系会直接影响模型拟合方法的拟合效果。一些基于超图的拟合方法，如 RCG[55]、HF[95]、MSH[99]和 SWS[57]，可用来表示这复杂关系。与简单图只能表示二阶相似性相比，超图能够表示高阶相似性。一些拟合方法(RCG[55]、SWS[57]、HF[95]和 MSH[99])提出使用超图来处理模型拟合问题。RCG 首先使用随机采样来构建超图模型，接着通过子图检测来估计模型实例。SWS 通过使用大超边来表示数据点之间的关系，并基于 NCut[84]获得高聚类准确率。HF 和 MSH 基于内点噪声尺度将大超边从均匀超图扩展到非均匀超图中，并分别基于所构造的超图使用新型超图分割和模式搜索算法来处理模型拟合问题。这些基于超图的模型拟合方法在一定程度上能够有效地处理模型拟合问题。然而，当前这些基于超图的拟合方法存在一个局限，即超图分割的性能往往依赖于超图建模的有效性。换句话说，这些拟合方法的拟合结果在一定程度上依赖于用于超图建模的模型假设的质量。此外，这些方法往往需要采样大量的模型假设，这在一定程度上影响了计算效率。

超图模型主要是建立在数据点与模型假设之间的关系上，因此，一个超图的有效性直接与采样质量相关。当前的指导性采样方法[33,37-39,41,101-103]通过采样高质量的最小子集来生成模型假设。相比 RANSAC 随机采样最小子集[27]，该类采样方法以一定的概率或者有条件地采样最小子集。本书根据采样方法使用指导性信息的方式简要地将指导性采样方法分为两类，即基于先验信息的指导性采样方法和基于后验信息的指导性采样方法。

基于先验信息的指导性采样方法，如 Proximity[33]、NAPSAC[101]、SDF[103]、PROSAC[38]和 BLOG[37]，主要是使用输入数据的信息来指导采样最小子集。例如，Proximity 和 NAPSAC 通过假定来自同一个模型实例的内点相互之间更加靠近来指导采样过程。因此，当选取一个数据点作为最小子集的第一个成员之后，它们在该数据点的邻居进行采样，作为该最小子集的其他成员。SDF 则是利用了数据点与超像素之间的关系进行指导性采样。PROSAC 和 BLOG 主要是针对双视图的模型拟合问题。它们通过匹配分数来指导采样过程，即假定一个数据点的匹配分数越高，那么其为内点的概率就越大。

基于后验信息的指导性采样方法，如 MultiGS[41]、HMSS、LO-RANSAC[39]和 UHG[102]，首先进行小规模的随机采样来生成少量的模型假设，接着利用生成的模型假设或者初步拟合结果来指导生成高质量的模型假设集。MultiGS 通过生成的模型假设与数据点之间的残差信息评估每个数据点为内点的概率。HMSS 直接通过残差信息更新模型假设，以提高采样到对应真实模型实例的最小子集的概率。LO-RANSAC 针对包含单结构的数据，提出在估计的模型实例内点的基础上进行重拟合操作，以靠近真实的模型实例。UHG 针对包含多结构的数据，提出在估计的模型实例内点的基础上进行重采样最小子集，以提高采样质量。

总体来说，这些指导性采样方法相比 RANSAC 显著提高了采样性能。然而，它们却有一些较明显的缺陷：基于先验信息的指导性采样方法在采样过程中没有及时评估模型假设的质量，往往会生成大量的不好模型假设；而基于后验信息的指导性采样方法过分地依赖生成的模型假设的质量或者初步拟合结果，经常会陷入局部最优。

当前，还存在其他一些有效的拟合方法，如 AKSWH[48]、PEaRL[29]、GPbM[22]、linkage[23]和 RansaCov[49]。这些方法主要专注于模型选择。AKSWH 是一种基于参数空间的拟合方法。它能够自适应地估计内点噪声尺度，数据集中包含的模型实例的数量和相应参数。PEaRL 首次提出将模型拟合问题转化为能量最小化问题。GPbM 是一种迭代的模型拟合方法。它能够同时估计内点噪声尺度和处理异方差数据。T-linkage 首先计算数据点的偏好信息，然后采用层次聚类算法来处理模型拟合问题。RansaCov 提出将模型拟合问题转化为最大集覆盖问题，以有效处理含有交叉模型实例的数据。

尽管这些拟合方法能够基于高质量的模型假设取得较好的拟合效果，但它们往往需要处理大量的模型假设。然而，生成大量的模型假设非常耗时。当前存在一些分析指导性采样方法与模型选择之间关系的拟合方法，如 ADJMC[104]、RCMSA[30]和 UHG[102]。这些方法能够有效减少采样数量并取得较好的拟合效果。然而，它们的拟合准确率还无法直接应用于实际生活中。

本章提出了基于迭代超图构造与超图分割的模型拟合方法。对于给定数据集，首先生成少量的模型假设，并在此基础上构造简单的超图。接着，通过分割超图来拟合数据集中的模型实例。然后，分析所拟合的模型实例来指导生成高质量的模型假设。基于所生成的模型假设及相应的内点数据更新超图。进一步通过分割超图来拟合数据集中的模型实例。如此反复迭代，可以有效地拟合出数据集中包含的所有模型实例。本章以直线拟合为例。所提出的拟合方法的迭代步骤如图 5.1 所示。输入为包含 300 个离群点和三条直线的不平衡数据。其中，三条直线分别包含 50、100 和 200 个内点。为了确保以概率 p 为每条直线至少采样到一个干净最小子集，则需要采样 $\dfrac{\log(1-p)}{\log[1-(1-\varphi)^2]}$ 个最小子集。其中，φ 为输入数据的离群点比例。最小子集是指生成一个模型假设需要采样的最少数据点。比如，生成一条直线需要采样二个数据点；生成一个单应性矩阵需要采样四个数据点。因此，对于包含 50 个内点的直线，需要至少采样 776 个最小子集才能保证以 p=0.99 的概率拟合到该直线。然而，如图 5.1 所示，本章所提出的拟合方法在采样 200 个最小子集之后就能够准确地拟合出数据集中包含的三条直线。

IHCP 的主要贡献总结如下：①IHCP 首次提出通过迭代构造超图和分割超图处理模型拟合问题。相比当前的超图构造方法[55, 57, 95, 99]，IHCP 所构造的超图不仅更简单而且更加有效；②IHCP 包含一种有效的指导性采样算法，用于生成高质量的模型假设。该指导性采样算法被用于构造表

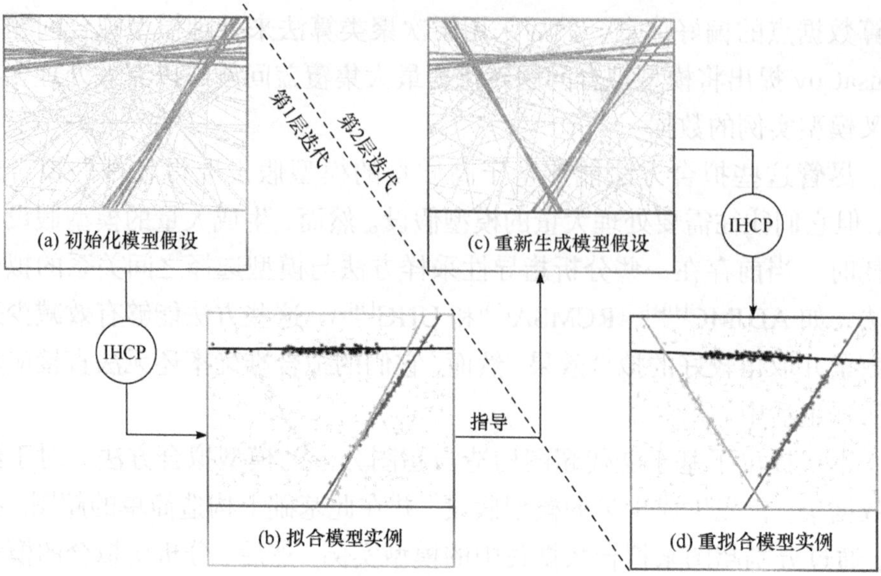

图 5.1　本章所提出的拟合方法 IHCP 在不平衡数据上拟合直线的迭代步骤。(a)和(c)分别表示初始化的模型假设(100 条直线)和重新生成的模型假设(有效的模型假设和无效的模型假设分别用粗体和非粗体表示)。(b)和(d)表示在每层迭代拟合的模型实例。虚线的左边((a)和(b))和右边((b)和(d))分别表示第 1 层和第 2 层迭代。第 1 层迭代的拟合结果(b)指导第 2 层迭代重新生成模型假设(c)

示数据点和模型假设之间复杂关系的超图。总体来说，IHCP 能够快速且相对准确地拟合多结构数据中的模型实例。本章所提出的算法在真实图像中比当前几种流行的模型拟合算法能够取得更好的拟合效果。

5.2 算法描述

本节详细介绍 IHCP。其用于直线拟合的主要流程如图 5.2 所示。模型假设的质量对超图构造和整个迭代过程具有重要的影响。因此，本节首先提出一种有效指导性采样算法用于构造超图。其次，将介绍 IHCP 的主要原理。

5.2.1 超图建模与超图分割相融合

一般情况下，一个超图 $G=(V,E,W)$ 包含一个顶点集 V 、一个超边集 E 和一个权重集 W 。超图与简单图最直观的区别在于，一个简单图的每

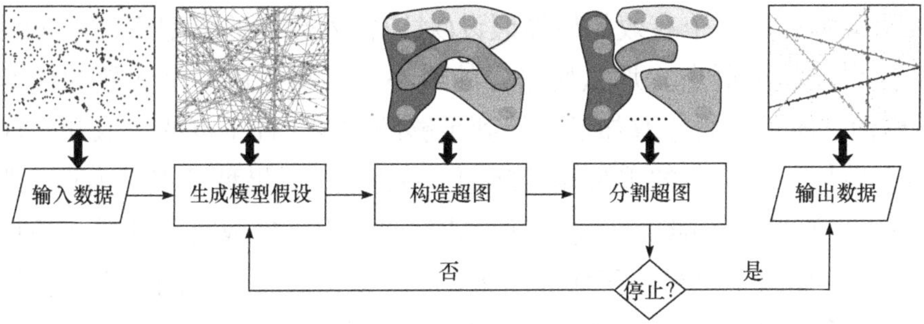

图 5.2　本章所提出拟合方法的主要流程

条边只有连接两个顶点而一个超图的每条边可以连接两个或者更多的顶点。当一条超边 $e \in E$ 连接于一个顶点 $v \in V$，则称 e 关联于 v。那么，一个超图 G 中的顶点和超边之间的关系可以用一个 $|V| \times |E|$ 关联矩阵 H 表示。如果一条超边 e 关联于一个顶点 v，那么该关联矩阵中的相应子项 $h(v,e)=1$；反之，$h(v,e)=0$。每条超边 $e \in E$ 被赋予一个权重分数 $w_e(\in W)$ 来衡量该超边的质量。一个顶点 v 和一条超边 e 的度分别计算如下：$d(v)=\sum_{e \in E} w_e h(v,e)$ 和 $d(e)=\sum_{v \in V} h(v,e)$。

类似于文献[95]和文献[99]，本节采用数据驱动来自适应地构造超图：每个顶点和每条超边分别表示一个数据点和一个模型假设。如果一个数据点属于一个模型假设的内点，那么其相应的顶点与该超边相连。以这样的构造方式，一个超图能够有效地包含数据点和模型假设之间的复杂关系。对于给定数据集 $X=\{x_i\}_{i=1}^n$，接下来讨论指导性采样过程的具体细节。

本节改进一种指导性采样算法(Proximity[33])来生成模型假设。文献[33]假定，相比离得较远的数据点，相邻的数据点具有更大的概率属于同一个模型假设的内点。换句话说，如果一个数据点 x_i 被采样成为一个最小子集的第一个成员，那么，剩下的数据点成为该最小子集成员的概率为

$$p(x_j|x_i)=\frac{1}{\xi}\exp\left(-\frac{\|x_i-x_j\|^2}{\sigma^2}\right),\quad x_j \neq x_i \tag{5.1}$$

式中，ξ 为归一化常数；$\|\cdot\|$ 表示归纳范数；σ 为人工设定的非零实数。

显然，一个最小子集的第一个点(种子点)的选择直接影响了相应模型假设的质量。也就是说，如果种子点是内点，那么所采样的最小子集就有

很大的概率生成一个有效的模型假设(对应输入数据的模型实例)；反之，如果种子点是离群点，那么所采样的最小子集将生成一个无效的模型假设。然而，种子点的选取却没有得到足够的重视。种子点的选取和生成的最小子集是一个经典的鸡蛋相生问题。一方面，如果种子点是内点，那么 Proximity 就很有可能采样到有效的最小子集用于生成有效的模型假设；另一方面，如果一个最小子集是有效的，那么该最小子集的所有成员均能够被视为种子点。为了提升采样有效最小子集的概率，Proximity 通过随机采样大量的种子点。然而，该步骤非常耗时，且会生成大量的无效模型假设。

本节提出两个改进方案，即取代从所有点集，而从部分点集有条件地选取种子点并取代完全随机引入匹配分数作为概率函数来选取种子点。本章所提出的拟合方法是一种迭代方法。每次迭代只从上一轮迭代所估计的内点选取种子点。这在一定程度上增加了采样到有效最小子集的概率。同时，引入匹配分数来计算每个点被选为种子点的概率。这是因为，一个内点往往比离群点拥有更高的匹配分数。假定 $I^t=\{x_1^t,x_2^t,\cdots,x_m^t\}$ 为第 t 次迭代所估计的内点，其相应的匹配分数为 $S^t=\{s_1^t,s_2^t,\cdots,s_m^t\}$，那么一个数据点 x_i 在第(t+1)次迭代被选为种子点的概率为

$$p^{t+1}(x_i)=\begin{cases}\dfrac{s_i^t}{\sum\limits_{j=1}^{m}s_j^t}, & 若\ x_i\in I^t\\ 0, & 其他情况\end{cases} \tag{5.2}$$

根据式(5.2)，能够有效地选取一个最小子集的种子点，而该最小子集的其他成员则根据式(5.1)来选取。该最小子集可以直接用于生成一个模型假设 θ_i，并根据内点噪声尺度计算该模型假设的内点。对于一个超图 G，便可以生成一条对应 θ_i 的超边 e_i，并将其与对应内点的顶点相连接。

为了进一步提高超图的质量，本节只考虑用有意义的模型假设用于构造超边。首先用一个权重分数来评估每个模型假设 θ_i 的质量[48]：

$$\omega_{\theta_i}=\frac{1}{n}\sum_{j=1}^{n}\frac{\mathrm{EK}[r(\theta_i,x_j)/h_{\theta_i}]}{\tilde{s}_{\theta_i}h_{\theta_i}} \tag{5.3}$$

式中，n 为输入数据点的数量；$\tilde{s}_{\theta_i}$ 为 θ_i 的内点噪声尺度(通过 IKOSE[48]来计算)；$r(\theta_i, x_j)$ 表示模型假设 θ_i 和数据点 x_j 之间的残差值；$\mathrm{EK}(\cdot)$ 为经典的 Epanechnikov 的核函数[76]：

$$\mathrm{EK}(\lambda)=\begin{cases}0.75(1-\|\lambda\|^2), & \|\lambda\|\leqslant 1\\ 0, & \|\lambda\|>1\end{cases} \tag{5.4}$$

式(5.3)中，h_{θ_i} 表示模型假设 θ_i 的带宽，它的定义为[76]

$$h_{\theta_i}=\left[\frac{243\int_{-1}^{1}\mathrm{KM}(\lambda)^2\mathrm{d}\lambda}{35n\int_{-1}^{1}\lambda^2\mathrm{KM}(\lambda)\mathrm{d}\lambda}\right]^{0.2}\tilde{s}_{\theta_i} \tag{5.5}$$

根据式(5.3)，如果一个模型假设包含更多的内点且更小的相应残差值，它将被赋予更高的权重分数；反之，将被赋予更小的权重分数。因此，式(5.3)能够有效地评估模型假设的质量。基于每个模型假设的权重分数，选择含有较高权重分数的模型假设为有意义的模型假设。这里使用一种基于信息理论的方法[78]来自适应地选取这些有意义的模型假设。

对于给定的一个超图 $G=(V,E,W)$，使用一种有效的超图分割方法 HF[95]来分割超图。具体地说，首先计算拉普拉斯矩阵[84]为

$$\varDelta=I-D_V^{-\frac{1}{2}}HWD_e^{-1}H^{\mathrm{T}}D_v^{-\frac{1}{2}} \tag{5.6}$$

式中，H 和 W 分别表示超图的关联矩阵和超边的权重分数矩阵；D_v 和 D_e 分别表示包含顶点和超边的度的对角矩阵。

接着，通过选取拉普拉斯矩阵 $\varDelta$ 一些最小的特征向量来构造特征向量矩阵，并基于该矩阵将超图分割成多个子图。最后，根据这些子图，获取超图的所有顶点的标签。该超图分割的算法的更多细节可以参照文献[95]。

5.2.2　本章中提出的模型拟合方法

本小节结合本章前面所有小节所描述的内容，总结本章所提出的 IHCP，如算法 5.1 所述。

算法 5.1 的终止条件 t_{stop} 为

$$t_{\text{stop}} = \left| \hat{E}(\hat{\theta}_t, f^t) - \hat{E}(\hat{\theta}_{t-1}, f^{t-1}) \right| < \varepsilon \tag{5.7}$$

式中，$\hat{E}(\hat{\theta}_t, f^t)$ 表示第 t 次迭代的拟合错误；ε 为一个大于零的实数，将其设置为 0.10。类似于文献[29]、[44]，计算拟合错误 $\hat{E}(\hat{\theta}, f)$ 的公式为

$$\hat{E}(\hat{\theta}, f) = \sum_{i=1}^{n} C_d(x_i, f_i) + \sum_{(i,j)\in n} C_s(f_i, f_j) \tag{5.8}$$

式中，$\hat{\theta}$ 和 f 分别表示所估计的模型实例和每个顶点的标签(算法 5.1 中的步骤 11)。$C_d(x_i, f_i)$ 表示数据项：

$$C_d(x_i, f_i) = \begin{cases} \dfrac{r(\theta_{f_i}, x_i)^2}{\psi^2}, & \text{若 } f_i > 0 \\ 1, & \text{其他情况} \end{cases} \tag{5.9}$$

式中，ψ 表示噪声级别。$C_s(f_i, f_j)$ 表示平衡项：

$$C_s(f_i, f_j) = \begin{cases} 0, & f_i = f_j \\ 1, & f_i \neq f_j \end{cases} \tag{5.10}$$

式(5.7)用于评估前一次和当前迭代所拟合的模型实例，能够有效判断是否趋于稳定状态。如果算法已获得稳定结果即满足终止条件，那么就可以终止算法，并保留最终结果。

算法 5.1 有两个重要的参数，即种子点的数量 l 和最大迭代次数 $t_{\max}$。种子点数量的选取将会影响算法的迭代速度。而本章将最大迭代次数 $t_{\max}$ 设定为 10。这是因为本章所提出的算法能够在数次迭代之后取得很好的拟合效果。

算法 5.1　IHCP

输入：数据点 $X = \{x_i\}_{i=1}^{n}$，种子点的数量 l 和最大迭代次数 $t_{\max}$。

输出：超图中每个顶点的标签，即每个输入数据的标签。

1. $t \leftarrow 1$。
2. if　rand(0,1) < 0.5　or　$t = 1$　then。
3. 　　从输入数据中随机选取 l 个种子点。

---

4. else。
5. 　　根据式(5.2)从估计的内点中指导性地选取l个种子点。
6. end if。
7. 基于选取的l个种子点和式(5.1)计算所得的剩下数据点的概率生成l个模型假设θ_t。
8. 评估生成的模型假设的质量，并根据当前已有的模型假设$\theta_t(\cap\{\hat{\theta}_{t-1}\cap\theta'_{t-1}\}$，if $t>1$) 的权重分数选取有意义的模型假设用于构造超图(5.2.1 小节所述)。
9. 基于选取的模型假设及其相应的内点构造超图G。
10. 通过超图分割获取超图中每个顶点的标签。
11. 估计模型实例$\hat{\theta}_t$，并根据相应的内点更新顶点的标签$f^t=\{f_i^t\}_{i=1}^n$。
12. $t\leftarrow t+1$。
13. 如果$t>t_{\max}$或者满足式(5.7)计算所得的t_{stop}，终止迭代；否则，回到步骤 2。

本章所提的算法 IHCP 是 HF[95]迭代版本，但 IHCP 明显改进了 HF 的拟合性能。一方面，IHCP 包含了一种有效的指导性采样算法用于构造超图；另一方面，IHCP 包含了超图构造和超图分割的新型迭代策略。相比 HF，IHCP 不需要生成大量的模型假设，且包含更高比例的有意义的模型假设。

5.3　实验结果与分析

为了验证 IHCP 的有效性和鲁棒性，本节与一些当前流行的采样方法(即 MultiGS[41]和 Proximity[33])和一些模型拟合方法(即 AKSWH[48]、RansaCov[49]、RCMSA[30]和 UHG[102])进行对比。MultiGS 和 Proximity 是两种有效的指导性采样方法。本节将这两种采样方法与 IHCP 相同的模型选择方法相结合以比较最小子集采样的性能。AKSWH 和 RansaCov 是两种有效的模型选择方法。本节将这两种模型选择方法与 Proximity 相结合以比较模型选择的性能。RCMSA 和 UHG 与 IHCP 采用相同的框架，即迭代生成模型假设和模型选择。此外，本节还运行 RANSAC 作为基准线。

本节使用的 PC 机的配置为 Intel Core i7-3770、3.4GHz CPU 和 16GB RAM 的 MS Windows 10。采用文献[46]、[95]的评估标准来计算分割误差：

$$\text{error} = \frac{\text{被错误分配的数据点总数}}{\text{数据点总数}} \tag{5.11}$$

5.3.1 参数分析与设置

本小节分析本节所提出算法中重要的参数，即种子点的数量 l，对算法性能的影响。本节采用不同的种子点数量在三个数据集(图 5.3)上分别进行直线拟合、单应性估计和基础矩阵估计。重复每个实验 20 次，并统计分割错误率的均值和中值，如图 5.4 所示。

(a) Star　(b) Ladysymon　(c) Breadcube

图 5.3　三个数据集分别用于(a)直线拟合、(b)单应性估计和(c)基础矩阵估计。“Ladysymon”和“Breadcube”只显示双视图中的单张图像

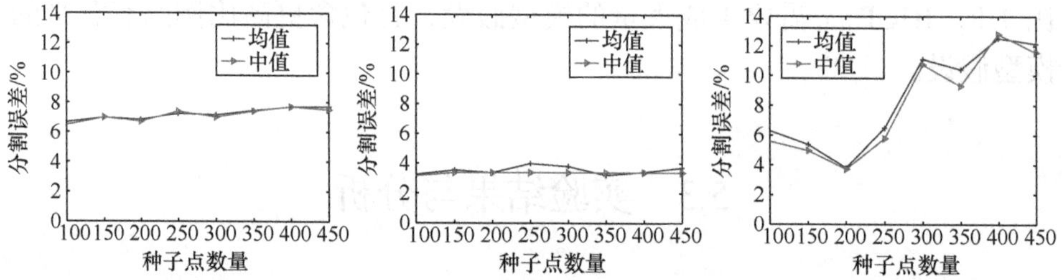

(a) Star　(b) Ladysymon　(c) Breadcube

图 5.4　本节所提出的拟合方法采用不同种子点数量在(a)直线拟合、(b)单应性估计和(c)基础矩阵估计上所获得的分割误差的均值和中值

从图 5.4 中可以看到，IHCP 在进行直线拟合和单应性估计时采用不同数量的种子点，仍然能够获得较为稳定的分割错误率。这主要是因为，直线拟合和单应性估计的最小子集分别只包含两个和四个数据点。IHCP 在经过少量的迭代后，能够为每个模型实例至少采样到一个干净子集。针

对基础矩阵估计，当 IHCP 使用 200 个种子点时，取得最小的分割错误率均值和中值。但当使用大于 200 个种子点时，所获得的分割错误率均值和中值显著上升。这是因为，基础矩阵估计的最小子集包含八个数据点。那么采样到一个干净子集就比较困难。因此，采用过多的种子点，很有可能造成过拟合的问题。在以下的实验中，将种子点数量固定在 200，以获得较优的拟合结果。

5.3.2　计算速度分析

本小节测试 IHCP 在进行不同模型拟合任务(即直线拟合、单应性估计和基础矩阵估计)的计算效率。将 IHCP 与 UHG 在计算效率上进行对比。因为 UHG 也采用迭代的方式进行模型假设生成和模型选择。采用图 5.3 上的三个数据集分别进行三种模型拟合任务。测试 IHCP 和 UHG 在不同的时间内所获得的拟合效果。重复每个实验 20 次，并统计分割错误率的均值和中值，如图 5.5 所示。

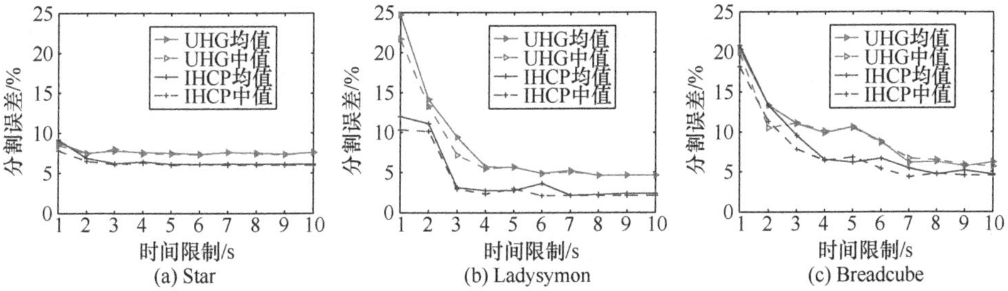

图 5.5　本节所提出的拟合方法和 UHG 采用不同时间限制在(a)直线拟合、(b)单应性估计和(c)基础矩阵估计上所获得的分割误差的均值和中值

从图 5.5 中可以看到，对于直线拟合，IHCP 和 UHG 均在 2s 后获得较低的分割错误率均值和中值。对于单应性估计，IHCP 在 3s 后获得较低的分割错误率均值和中值，而 UHG 获得较低的分割错误率需要 4s 后。相比直线拟合和单应性估计，基础矩阵估计是一个比较具有挑战性的拟合任务。然而，IHCP 在 4s 后就能够获得较低的分割错误率均值和中值。相反地，UHG 获得类似结果需要在 7s 后。总体来说，IHCP 和 UHG 均能够避免生成大量的模型假设，但是，IHCP 在进行不同拟合任务时，能够更加快速地获得较为稳定的结果。这也进一步显示了 IHCP 的有效性。

5.3.3 单应性估计

本小节从“AdelaideRMF”数据集[2]中选取 15 组代表性的图片用于测试单应性估计。重复所有八种对比方法每个实验 50 次，其中，类似于文献[41]，每个实验的采样时间限制在 5s 内。表 5.1 统计了分割错误率，并在图 5.6 上显示 IHCP 所获得的拟合结果。

表 5.1 八种拟合方法在 15 组真实图像上单应性估计性能比较：分割错误率

(单位：%)

数据集		RANSAC	MultiGS	Proximity	AKSWH	RansaCov	UHG	RCMSA	IHCP
Physics	方差	6.53	4.90	1.18	1.11	**0.00**	1.80	1.01	**0.00**
	均值	2.74	2.15	2.94	3.01	**0.00**	0.98	2.52	**0.00**
Unionhouse	方差	11.11	13.71	**0.10**	**0.01**	**0.01**	**0.01**	1.02	**0.01**
	均值	13.21	9.31	0.34	**0.31**	**0.31**	**0.31**	4.17	**0.31**
Bonython	方差	12.77	1.31	0.32	1.01	**0.00**	0.65	10.28	**0.00**
	均值	5.83	0.41	0.10	1.56	**0.00**	0.20	2.52	**0.00**
Barrsmith	方差	15.91	5.90	16.15	24.14	**2.03**	2.40	9.88	5.89
	均值	47.23	16.68	24.42	24.14	12.44	18.93	16.64	**8.89**
Oldclassicswing	方差	6.78	0.85	1.15	1.08	5.12	1.08	**0.01**	0.21
	均值	6.41	1.38	1.79	1.38	3.09	1.38	**1.05**	1.38
Elderhalla	方差	15.82	4.02	1.40	0.61	0.31	2.55	10.98	**0.15**
	均值	25.77	5.49	3.42	1.78	2.48	3.89	6.77	**0.89**
Elderhallb	方差	6.91	6.48	1.71	2.15	2.87	8.25	8.59	**0.78**
	均值	15.41	13.19	7.17	11.05	29.80	21.02	12.38	**5.02**
Library	方差	12.35	11.70	4.54	**0.41**	1.28	5.91	2.56	1.56
	均值	13.79	15.40	4.92	**2.31**	6.38	6.96	3.96	3.06
Ladysymon	方差	10.14	14.09	**0.48**	10.61	1.60	1.07	5.36	3.47
	均值	17.65	20.61	5.26	17.72	9.28	**2.08**	8.14	2.21
Napiera	方差	6.73	4.59	5.80	9.23	**1.06**	8.79	4.52	1.62
	均值	16.49	11.64	13.26	40.06	13.44	8.93	20.82	**8.52**
Nese	方差	0.90	0.70	2.41	0.75	1.29	1.97	**0.01**	0.62
	均值	2.03	1.39	3.50	3.54	2.28	3.98	0.78	0.63
Sene	方差	1.03	1.16	0.55	0.41	**0.20**	1.07	0.26	0.21
	均值	1.29	1.01	1.25	0.32	2.25	0.92	1.32	**0.20**

续表

数据集		RANSAC	MultiGS	Proximity	AKSWH	RansaCov	UHG	RCMSA	IHCP
Hartley	方差	10.39	11.40	2.10	4.69	3.31	13.25	9.33	**1.70**
	均值	21.70	21.51	4.20	5.94	4.33	9.36	4.61	**2.84**
Neem	方差	13.23	10.20	1.16	**0.41**	2.98	13.22	6.22	0.55
	均值	12.66	7.11	2.53	2.62	11.23	9.69	6.64	**2.41**
Johnsona	方差	10.93	12.31	12.13	8.44	3.14	**1.01**	4.54	4.90
	均值	12.92	31.42	16.33	9.91	7.98	**3.22**	5.46	4.95
总计	方差	14.34	10.14	5.14	3.65	6.63	5.21	6.52	**2.32**
	均值	13.21	8.21	3.50	2.31	3.71	3.56	4.61	1.80

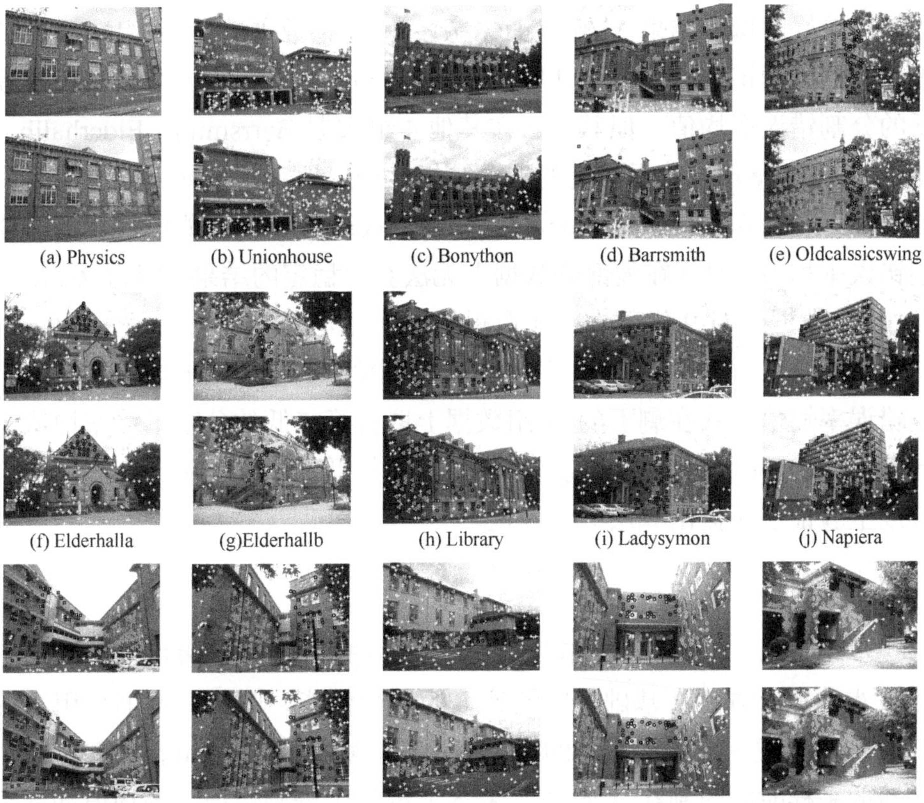

(a) Physics　(b) Unionhouse　(c) Bonython　(d) Barrsmith　(e) Oldcalssicswing

(f) Elderhalla　(g)Elderhallb　(h) Library　(i) Ladysymon　(j) Napiera

(k) Nese　(l) Sene　(m) Hartley　(n) Neem　(o) Johnsona

图 5.6　单应性估计示例。每个数据集的 1～2 行分别表示真实的模型实例和本章提出的拟合方法 IHCP 所拟合的模型实例。这里只显示双视图中的单张图像

从图 5.6 和表 5.1 中可以看到，IHCP 能够成功拟合所有 15 组数据，并取得较低的分割错误率。MultiGS 和 Proximity 能够在 15 组数据中的 11 组数据上比 RANSAC 采样到更有效的最小子集。相比 MultiGS，Proximity 在其中的 9 组数据中能够取得更好的拟合结果，并在剩下的 6 组数据中取得类似的拟合结果。

基于 Proximity，AKSWH 在 15 组数据中的 10 组数据上取得较低的分割错误率，但在其他 5 组数据(Barrsmith、Elderhallb、Ladysymon、Napiera 和 Johnsona)上取得较高的分割错误率。RansaCov 同样通过 Proximity 采样最小子集来生成模型假设。它能够成功地拟合 15 组数据中的 11 组数据，但其在剩下的 4 组数据(Barrsmith、Elderhallb、Napiera 和 Neem)上无法取得较好的拟合结果。尽管 UHG 能够在 15 组数据中的 11 组数据上取得较低的分割错误率均值，其中在 Ladysymon 和 Johnsona 数据中获得最低的分割错误率均值，但其无法在其他 4 组数据(Barrsmith、Elderhallb、Hartley 和 Neem)中获得稳定的拟合结果。相应地，其标准方差比较大。RCMSA 除了 Barrsmith、Elderhallb 和 Napiera 数据外均能取得较低的分割错误率均值，但其在大部分数据上无法获得稳定的结果。因为 RCMSA 在 15 组数据中的 9 组数据上所取得的标准方差均大于 4.0。相反地，在所有 8 个对比方法中，IHCP 在 15 组数据中的 11 组数据上取得最低的分割错误率均值，并在剩下的 4 组数据上取得第二低的分割错误率均值。此外，IHCP 在所有结果的统计值中，取得最低的均值和中值。这在一定程度上验证了所提出算法的有效性。

5.3.4 基础矩阵估计

本小节从“AdelaideRMF”数据集[2]中选取 15 组代表性的图片用于测试八种拟合方法在基础矩阵估计上的拟合性能。此处，本书采用八点算法[31]来生成一个基础矩阵的模型假设，重复每个实验 50 次，并将每个实验的采样时间限制在 10s 内。表 5.2 统计了分割错误率的均值和标准差，并在图 5.7 上显示 IHCP 所获得的拟合结果。

表 5.2　八种拟合方法在 15 组真实图像上基础矩阵估计性能比较：分割错误率　(单位：%)

数据集		RANSAC	MultiGS	Proximity	AKSWH	RansaCov	UHG	RCMSA	IHCP
Book	标准差	2.89	3.78	3.81	1.86	0.67	5.08	0.73	**0.26**
	均值	5.32	6.03	5.54	4.72	4.34	6.57	0.90	**0.16**
Game	标准差	5.16	1.62	2.66	3.23	2.31	3.78	3.29	**1.08**
	均值	8.99	3.53	5.41	7.37	6.11	7.07	4.77	**2.09**
Biscuit	标准差	1.53	1.25	4.54	3.84	0.45	0.99	7.19	**0.37**
	均值	4.21	3.50	5.27	3.84	4.52	2.65	3.46	**2.41**
Cube	标准差	2.36	0.89	1.30	3.10	8.01	**0.47**	3.03	1.69
	均值	3.80	2.26	2.70	3.03	7.66	2.23	**0.66**	2.19
Cubechips	标准差	8.17	3.21	1.84	3.10	9.11	2.48	1.92	**0.96**
	均值	17.02	6.48	11.44	4.81	9.21	7.31	4.20	**2.42**
Cubetoy	标准差	7.06	5.46	3.12	9.96	2.17	4.81	3.35	**0.82**
	均值	15.42	9.91	11.13	10.63	7.89	10.96	6.12	**2.12**
Gamebiscuit	标准差	3.89	4.27	3.83	9.38	0.98	4.47	4.82	**0.88**
	均值	10.15	9.38	10.30	24.42	6.99	8.66	7.19	**3.14**
Biscuitbook	标准差	13.13	**1.18**	2.39	1.32	1.47	2.04	1.42	1.72
	均值	22.02	**2.32**	6.55	2.89	2.71	2.82	2.67	2.46
Breadcube	标准差	5.00	7.73	5.25	3.79	3.88	4.52	8.95	**0.91**
	均值	33.47	17.46	22.74	6.40	29.75	22.31	15.25	**3.59**
Breadtoy	标准差	7.87	13.23	3.45	3.90	7.18	8.73	4.95	**1.51**
	均值	41.15	23.86	56.67	25.79	44.79	21.66	**5.00**	6.66
Carchipscube	标准差	6.05	13.75	9.55	7.35	8.76	6.57	7.52	**3.19**
	均值	36.07	28.89	34.41	37.39	42.18	40.49	**7.52**	7.63
Biscuitbookbox	标准差	2.54	4.43	4.85	6.35	10.14	3.11	**1.05**	1.78
	均值	9.96	9.06	10.07	44.55	27.31	8.83	**2.68**	3.66
Breadtoycar	标准差	6.68	6.06	6.36	5.73	3.88	6.33	4.67	**1.66**
	均值	34.78	15.58	27.36	15.18	17.65	13.49	10.46	**9.81**
Breadcartoychips	标准差	7.51	5.54	3.86	8.01	7.52	3.10	**2.97**	3.59
	均值	45.65	20.26	15.26	31.61	29.56	12.34	**7.94**	10.12

续表

数据集		RANSAC	MultiGS	Proximity	AKSWH	RansaCov	UHG	RCMSA	IHCP
Cubebreadtoy-chips	标准差	10.74	6.58	9.56	4.68	4.98	5.83	4.36	**1.48**
	均值	35.11	18..97	17.28	31.85	31.18	13.76	9.86	**4.28**
总计	标准差	21.54	11.83	16.14	16.96	18.12	12.07	5.91	**4.18**
	均值	17.02	9.38	11.13	10.63	9.21	8.83	5.00	**3.14**

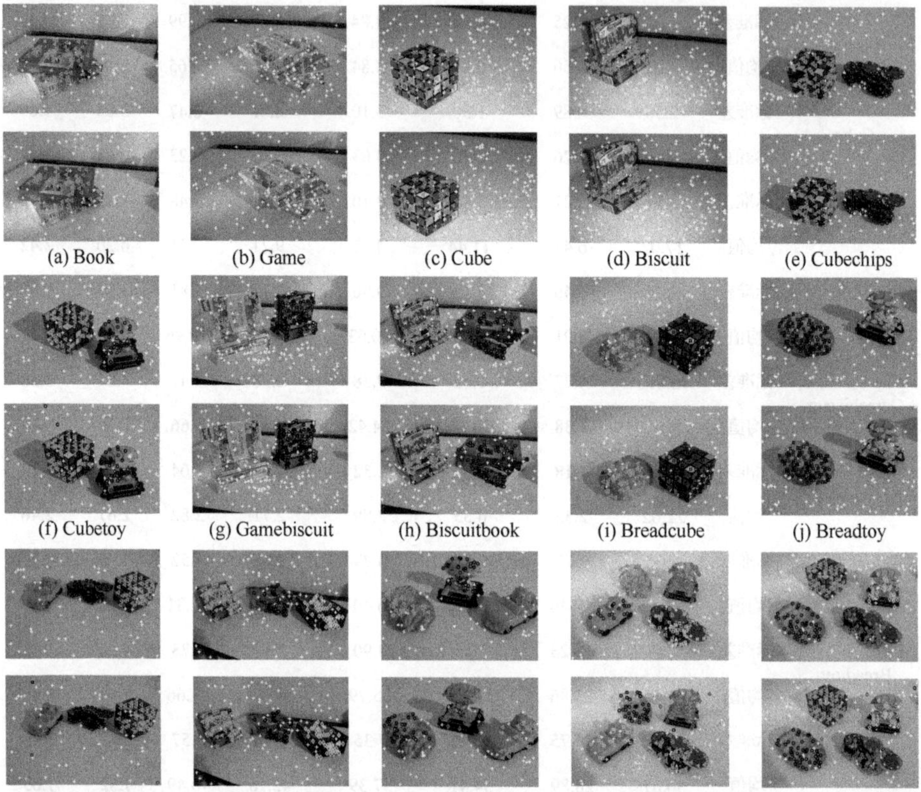

(a) Book (b) Game (c) Cube (d) Biscuit (e) Cubechips
(f) Cubetoy (g) Gamebiscuit (h) Biscuitbook (i) Breadcube (j) Breadtoy
(k) Carchipscube (l) Biscuitbookbox (m) Breadtoycar (n) Breadcartoychips (o) Cubebreadtoychips

图 5.7 基础矩阵估计示例。每个数据集的 1～2 行分别表示真实的模型实例和本章提出的拟合方法 IHCP 所拟合的模型实例。这里只显示双视图中的单张图像

从表 5.2 所统计的八种拟合方法的分割错误率中可以看到，所有拟合方法均能够在单结构数据(Book、Game、Cube 和 Biscuit)中获得较低的分割错误率。然而，对于大部分含有多结构的数据，除了 RCMSA 和 IHCP，其他六种拟合方法无法获得较低的分割错误率。这主要是因为，采样算法

(RANSAC、MultiGS、Proximity 和 UHG)无法在 10s 内采样到足够多的干净最小子集用于生成有效的基础矩阵模型假设。它们所生成的模型假设含有大量的无效模型假设。这将会严重影响一些模型选择算法，即 AKSWH 和 RansaCov。相反地，RCMSA 和 IHCP 不断地更新模型假设，并且在减少无效模型假设的同时生成大量的有效模型假设。因此，RCMSA 和 IHCP 能够成功地拟合含有单结构和多结构数据。需要指出的是，相比 RCMSA，IHCP 在 15 组数据中的 10 组数据上取得更低的分割错误率均值，并且在所有结果的统计值中获得最低的分割错误率均值和中值。

5.4　本 章 小 结

本章提出了一种新型基于超图建模与超图分割相融合的模型拟合方法。该新型拟合方法包含了一种有效的超图建模和超图分割相融合的迭代策略。在该迭代策略中，所提出的采样算法充分利用了上层迭代所拟合的模型实例的信息来引导生成高质量的模型假设。基于该迭代策略，IHCP 有效地生成少量且高质量的模型假设。这有效地提升了超图模型的质量，也能够使超图分割更加快速。整体上看，本章提出的 IHCP 方法是一种快速且有效的拟合方法。实验结果进一步表明，本章所提出的 IHCP 在拟合准确性和计算效率上比当前一些流行的拟合方法有较大的提高。

第6章 基于连续性潜在语义分析的模型拟合方法

6.1 引 言

第4章提出了一种基于超图代表性模式搜索的模型拟合方法。MSHF能够有效地处理不平衡数据且可显著地提高计算精度。然而，MSFH的计算时间复杂度相对较高。此外，MSHF的计算精度还需要进一步提升。

本章根据当前拟合方法处理数据的方式，将当前的拟合方法简要地分为两类，即基于一致性分析的拟合方法和基于偏好性分析的拟合方法。基于一致性分析的拟合方法(RANSAC[27]、RansaCov[49]、RHT[47]、GPbM[22]、AKSWH[48]和MSH[99])，直接从生成的模型假设中选取一些最优的模型假设作为拟合的模型实例，然后再根据相应的内点噪声尺度对数据点进行分类。例如，RansaCov通过搜索覆盖最多内点的数据点集(每个数据点集等价于一个模型假设)来估计数据中的模型实例。RHT评估每个生成的模型假设的权重分数，然后选取权重分数最高的模型假设作为拟合的模型实例。GPbM是经典拟合算法PbM[105]的泛化版本，其将模型拟合问题转化为优化问题。AKSWH根据模型假设的一致集对其聚类，并从每个聚类簇中选取一个最优的模型假设作为拟合的模型实例。MSH通过融合超图与模式搜索来分析超图中每个顶点的权重分数以及顶点之间的相似性，以定位对应模型实例的代表性模式。虽然这些方法对数据分布不是非常敏感，但它们的拟合性能很大程度上依赖于生成的模型假设，即如果生成的模型假设中没有对应真实模型实例的模型假设，那么它们便无法准确地估计该模型实例。

基于偏好性分析的模型拟合方法(SWS[106]、HF[95]、RPA[107]、J-linkage[52]和T-linkage[23])根据所生成的模型假设的信息分割数据点以拟合模型实例。例如，SWS采用大超边来表示模型假设与数据点之间的复杂关系，然后用超图分割算法分割数据点。HF 引入一种新型超图模型将模型拟合问题转换为超图分割问题。RPA 通过融合主成分分析和非负矩阵分解来处理模型拟合问题。J-linkage/T-linkage 根据它们各自的偏好集对数据点进行聚类，然后再根据聚类簇拟合模型实例。这些基于偏好性分析的拟合方法往往在一些拟合任务中取得较好的拟合精度。然而，它们往往无法有效拟合不平衡数据，且它们在计算数据点之间的相似性时会造成计算时间复杂度太高的问题。

本章试图挖掘偏好性分析的优势，并同时显著地降低计算时间复杂度，用于拟合多结构数据中的模型实例。潜在语义分析(latent semantic analysis，LSA[108])是一种非常有价值的分析工具，其最先是通过分析文本处理领域中文档与术语直接的关系被用于构造的低维度的子空间。LSA 是在奇异值分析(singular value decomposition，SVD)的基础上降低文档与术语构成的矩阵的维度。本章提出融合 LSA 和连续偏好分析(continuous preference analysis，CPA)来构造一种新型的低维潜在语义空间(latent semantic space，LSS)以处理复杂的模型拟合问题。需要指出的是，LSA 与 CPA 的融合对于两者均是重要的改进。具体地说，对于 LSA，CPA 能够为其提供更加准确的模型假设与数据点之间复杂的关系描述。而对于 CPA，LSA 能够用于降低偏好矩阵的维度并同时保留主要的偏好信息。因此，LSA 和 CPA 能够共同获取更好的拟合性能。本书首次提出将潜在语义分析与连续性偏好分析进行融合，该融合能够有效提高模型拟合问题中的拟合精度和计算效率。

此外，本章进一步分析所构造的 LSS 的数据分布，以有效地去除离群点并同时将剩余点分配到独立的子空间中。首先，根据 LSS 的物理意义，本章基于信息理论方法[78]自适应地设定阈值以去除 LSS 中对应离群点的数据点。接着，通过分析 LSS 剩余点的数据分布，提出采用整数线性规划将这些点聚类到各自的子空间中。在 LSS 中，所有高阶的模型拟合问题(比如单应性估计和基础矩阵估计)均被映射到更容易处理的子空间恢复问题。

图 6.1 显示了本章所提出一种基于连续性潜在语义分析的拟合方法(continous latent sematic analysis method，CLSA)估计基础矩阵的主要步

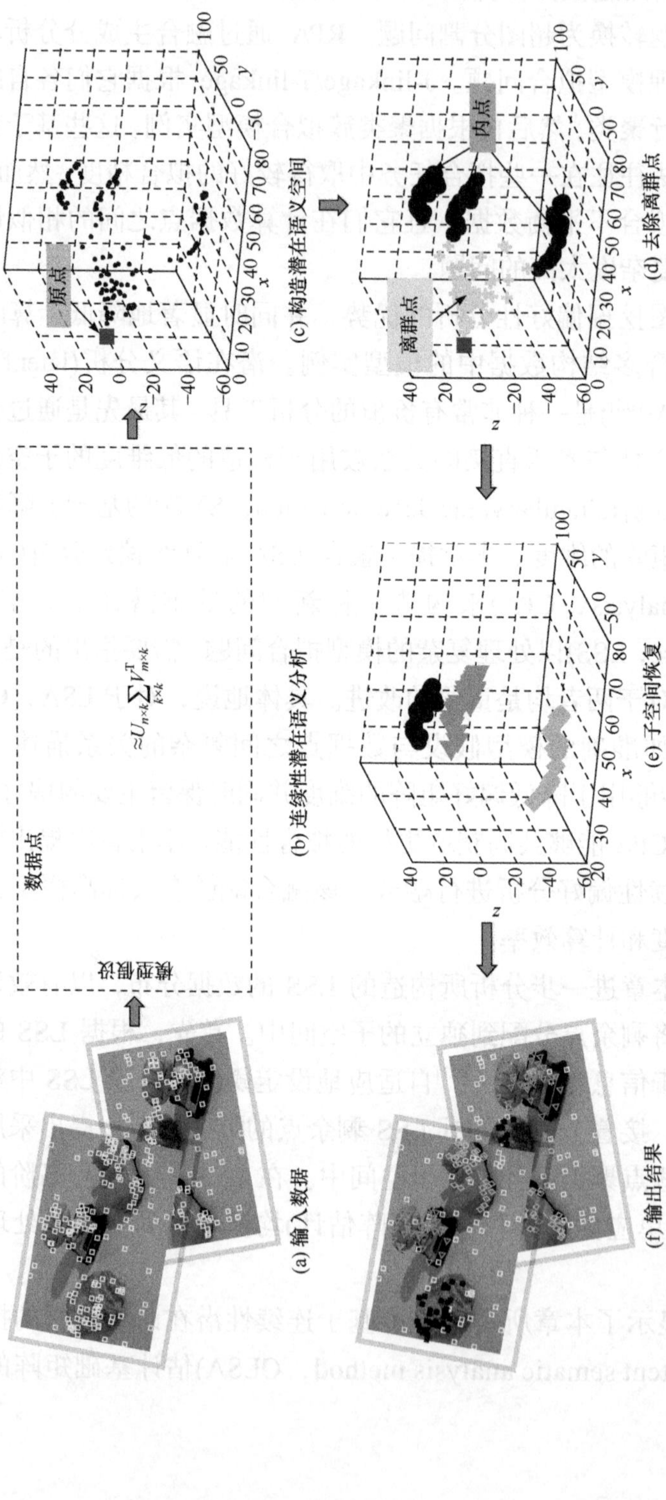

图6.1 本章所提出的拟合方法CLSA估计基础矩阵的主要步骤

骤。可以看到，每个输入的特征匹配对被 CLSA 映射到 LSS 中的一个点(图 6.1(c))。在 LSS 中，对应内点和离群点的映射点的分布具有明显的区别。也就是说，对应离群点的映射点被分布在 LSS 的原点附近，而对应不同模型实例内点的映射点被分布在不同的子空间中，并且远离 LSS 的原点(图 6.1(d))。在移除对应离群点的映射点之后，在 LSS 中，模型拟合问题便转换为更容易处理的子空间恢复问题(图 6.1(e))。

本章的主要贡献归纳如下。

(1) 提出 CLSA 以处理包含高比例离群点的多结构数据。该方法通过融合潜在语义分析和连续性偏好分析，显著地提高了拟合精度和计算效率。

(2) 构造了新型潜在语义空间。在该空间中，内点和离群点被有效地区分，能够被直接用于离群点去除。此外，基于所构造的潜在语义空间，复杂的模型拟合问题被转换为简单的子空间恢复问题。

(3) 通过实验验证和对比，进一步表明了 CLSA 相比当前一些流行的拟合方法对不同的模型拟合任务在拟合精度和计算时间均具有明显的优势。

6.2 算法描述

本节详细介绍了 CLSA 的具体细节。6.2.1 小节融合潜在语义分析及连续性偏好分析构造新型的潜在语义空间。6.2.2 小节分析所构造的潜在语义空间的数据分布，以去除对应离群点的映射点并将剩余点聚类到不同的子空间中。6.2.3 小节总结了本章所提出的完整算法。

6.2.1 潜在语义空间构造

启发于文献[108](该工作通过 SVD 分析文档与术语构成的二进制矩阵实现文本处理的降维效果)，本小节提出通过 SVD 分析由模型假设与数据点构成的内点索引矩阵处理模型拟合问题。一个二进制内点索引矩阵(在文献[48]中用于区分每个模型假设的内点和离群点)能够有效地表示模型假设与数据点之间的关系。然而，该矩阵对内点噪声尺度比较敏感，而一般情况下很难准确地估计内点噪声尺度。因此，本书提出采用偏好函数得到的连续性矩阵替换二进制矩阵。

偏好矩阵用于表示一个数据点 x_i 对于一个模型假设 θ_j 偏好程度，一般被定义为[23]

$$f(x_i,\theta_j)=\exp\left[-\frac{d_r(x_i,\theta_j)}{\psi}\right] \tag{6.1}$$

式中，$d_r(x_i,\theta_j)$ 表示残差值，该残差值为一个模型假设 θ_j 到一个数据点 x_i 的 Sampson 距离[109]；ψ 为阈值，它对 CLSA 的影响将在 6.3.1 小节详细讨论。

因此，对于输入 n 个数据点和生成 m 模型假设，一个偏好矩阵 F (其中的每个子项由式(6.1)计算得到)的奇异值分解形式为

$$\begin{cases}F=U\Sigma V^{\mathrm{T}}\\ \text{s.t. } \Sigma=\operatorname{diag}(\sigma_1,\sigma_2,\cdots,\sigma_r)\end{cases} \tag{6.2}$$

式中，U 和 V 分别为左奇异向量矩阵和右奇异向量矩阵；Σ 为奇异值构成的对角矩阵，其中，在对角线中的奇异值按降序排列，即 $\sigma_1\geqslant\sigma_2\geqslant\cdots\geqslant\sigma_r>0, r=\operatorname{rank}(F)$。前面提到，一个偏好矩阵表示的是数据点对模型假设的偏好程度。也就是说，如果 $f(x_i,\theta_j)$ 越大，那么相应的数据点 x_i 越偏好于模型假设 θ_j，即 x_i 对于 θ_j 更加重要。因此，通过式(6.2)分解之后，左奇异向量 $U(:,i)$ 能够表示一个数据点对第 i 类数据点(对应于一个模型假设)的重要程度。相应地，右奇异向量 $V(:,j)$ 能够表示一个模型假设对第 j 类模型假设(对应于一个数据点)的重要程度。而每个奇异值 σ_i 表示一类数据点与一类模型假设之间关系的紧密程度。

如果奇异值 σ_i 越大，那么第 i 类数据点和第 i 类模型假设分别对应于同一个真实模型实例及其内点的概率就越大；反之，该类数据点和该类模型假设往往没有意义，可以被忽略。这主要是因为，内点与真实模型实例之间的关系比其他组合具有更紧密的关联。因此，只分析前面 k 类数据点和模型假设(这里 $k\ll r$)。那么式(6.2)可表示为

$$F_{n\times m}\approx U_{n\times k}\Sigma_{k\times k}V_{m\times k}^{\mathrm{T}} \tag{6.3}$$

这里只关注分析数据点的奇异向量，因其比模型假设更加直观可靠。基于式(6.3)，构造了 LSS，其将输入数据点映射到 m 个子空间中。LSS 之所以被称为潜在语义空间，是因为其含有潜在语义信息，即来自数据集中同一个模型实例的内点往往对应于 LSS 中同一个子空间的映射点。LSS 虽然蕴含了丰富的语义信息，但其子空间的数目太多导致无法有效地将映射点聚类到同一个子空间中。因此，需进一步缩小子空间的数目：

$$\begin{aligned}F_{n\times m}V_{m\times k} &\approx U_{n\times k}\Sigma_{k\times k}V_{m\times k}^{\mathrm{T}}V_{m\times k}\\ &\approx U_{n\times k}\Sigma_{k\times k}\end{aligned}\tag{6.4}$$

在 LSS 中，对应于内点的映射点在相应的子空间中被赋予较大的坐标值，而对应于离群点的映射点则被赋予非常小的坐标值。具体地说，对于一个映射点 $\hat{x}_p$，只有当它对第 i 类映射点很重要时，它相应的 $U(p,i)\Sigma(i,i)$ 才会很大。显然，只有对应于内点的映射点会对某一类映射点很重要，而对应于离群点的映射点则对所有类映射点都不重要。因此，在 LSS 中，对应于内点的映射点被分布在相对独立的子空间中而对应于离群点的映射点被分布在 LSS 的原点 O 附近。

为了更清晰地表示所构造的 LSS 的数据映射，图 6.2 显示了 LSS 用于直线拟合的数据映射示例。可以看到，在 LSS 中，对应离群点的映射点被分布在 LSS 的原点 O 附近，而对应内点的映射点则远离原点 O。

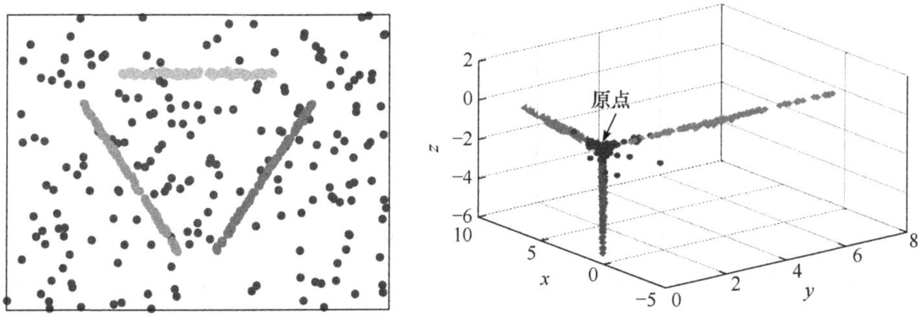

(a) 包含三条直线和离群点的输入数据　　(b) 在LSS中的映射点

图 6.2　LSS 用于直线拟合的数据映射示例

根据式(6.4)，偏好矩阵的维度从一个较大的 m 降到很小的 k，而同时主要的偏好信息被有效地保留。

6.2.2 离群点去除及子空间恢复

基于所构造的超图，小节首先提出一种新型的离群点去除策略，并基于此将高阶模型拟合问题转换为简单的子空间恢复问题。在 LSS 中，对应内点和离群点的映射点的区别是，对应内点的映射点远离原点 O，而对应离群点的映射点分布在原点 O 附近。因此，根据映射点到原点 O 的距离设定阈值去除对应离群点的映射点。然而，对于不同输入数据，很难人工地设定一个合适的阈值。

本章提出采用信息理论策略[78]自适应地设定阈值以有效去除离群点。在 LSS 中，对应给定的映射点 $\hat{X}=\{\hat{x}_i\}_{i=1,2,\cdots,n}$，计算每个映射点 $\hat{x}_i$ 与 LSS 的原点 O 之间的 Euclidean 距离 $d^o_{\hat{x}_i}$。接着，计算 $d^o_{\hat{x}_i}$ 与所有映射点到原点 O 最大距离的间隔 g_i 为

$$g_i=\max\{D^o\}-d^o_{\hat{x}_i} \tag{6.5}$$

式中，$D^o=\{d^o_{\hat{x}_i}\}_{i=1,2,\cdots,n}$。然后，通过规范化间隔计算每个映射点 $\hat{x}_i$ 的先验概率：

$$p(\hat{x}_i)=g_i/\sum_{i=1}^{n}g_i \tag{6.6}$$

相应的熵定义为

$$L=-\sum_{i=1}^{n}p(\hat{x}_i)\log[-p(\hat{x}_i)] \tag{6.7}$$

最后，去除概率小于熵的映射点，并同时保留大于熵的映射点：

$$X_I=\{x_i|L+\log p(\hat{x}_i)<0\} \tag{6.8}$$

在去除 LSS 中较大概率对应离群点的映射点之后，本小节提出将剩余映射点聚类到不同的独立子空间中以恢复子空间。这里，每个子空间对应一个模型实例，而每个聚类簇成员为相应模型实例的内点。从 LSS 的映射点分布情况(图 6.1(c))可以看到，属于不同子空间的映射点具有明显的区分度。因此，可以采用普通的聚类算法(K-means[110]、DBSCAN[111]和 Clusterdp[1])区分 LSS 中剩余的映射点。本小节根据 LSS 数据分布的特点，提出一种简单且有效的子空间恢复策略用于区分 LSS 中剩余的映射点。

具体地说，直接在 LSS 中估计过原点 O 的直线，接着根据估计的直线区分映射点。主要任务为估计 k 条最有效刻画 LSS 中映射点的过原点的直线。

需要指出的是，估计一条过原点的直线，只需要采样一个数据点就可以确定一个模型假设。那么以概率 $\hat{p}$ 至少采样到一个全内点的最小子集，需要采样的子集数量 m_I 为

$$m_I = \frac{\log(1-\hat{p})}{\log[1-(1-\hat{\alpha})^{\eta}]} \tag{6.9}$$

式中，$\hat{\alpha}$ 表示离群点比例；η 表示最小子集中成员数量($\eta=1$)。在本章所提出的算法中，事先进行了离群点去除步骤。那么，离群点的比例也相对较小。因此，只需要采样少量的最小子集来拟合过原点的直线。比如，假设 $\hat{p}=0.99$ 和 $\hat{\alpha}=0.5$，那么 m_I 约等于 7。

如图 6.3 所示，对于一条过原点的直线 $\vec{l}_{\hat{x}_j}$ 和一个数据点 $\hat{x}_i$，它们的残差计算为

$$\begin{cases} \hat{d}_r(\vec{l}_{\hat{x}_j}, \hat{x}_i) = d^o_{\hat{x}_i} \sin\alpha \\ \text{s.t. } \sin\alpha = \sqrt{1-\left(\dfrac{\langle \hat{x}_i, \hat{x}_j \rangle}{d^o_{\hat{x}_i} d^o_{\hat{x}_j}}\right)^2} \end{cases} \tag{6.10}$$

式中，$\langle\cdot,\cdot\rangle$ 表示向量内积。

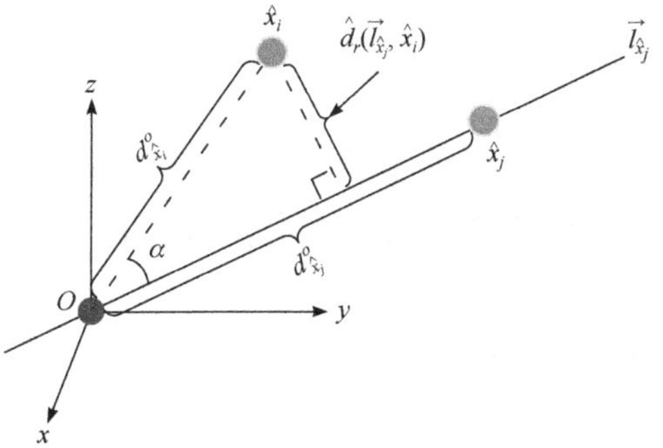

图 6.3　LSS 中过原点直线 $\vec{l}_{\hat{x}_j}$ 和映射点 $\hat{x}_i$ 之间的残差计算示例。残差值为箭头所指向的 Euclidean 距离

在生成一定数量的模型假设之后，采用整数线性规划估计 k 条过原点的直线。整数线性规划主要是搜索覆盖最多内点的 k 个最优的模型假设。假设 n_1 个数据点 $\hat{X}_I$ 和 m_I 个模型假设 $\vec{L}_I$，通过整数线性规划估计 k 条过原点的直线[49]：

$$\begin{cases} \max \sum_{i=1}^{n_I} I_{\hat{x}_i} \\ \text{s.t.} \sum_{j=1}^{m_I} I_{\vec{l}_{\hat{x}_j}} \leqslant k \\ \sum_{j:\vec{l}_{\hat{x}_j} \ni \hat{x}_i} I_{\vec{l}_{\hat{x}_j}} \geqslant I_{\hat{x}_i}, \quad \forall \hat{x}_i \in \hat{X}_I \end{cases} \tag{6.11}$$

式中，$I_{\hat{x}_i}$ 和 $I_{\vec{l}_{\hat{x}_j}}$ 分别表示一个数据点 x_i 和一个模型假设 $\vec{l}_{\hat{x}_j}$ 的索引。如果一个数据点 $\hat{x}_i$ (或者一个模型假设 $\vec{l}_{\hat{x}_j}$)被选为返回的模型假设的内点，那么相应的索引 $I_{\hat{x}_i}=1$(或者 $I_{\vec{l}_{\hat{x}_j}}=1$)；反之，$I_{\hat{x}_i}=0$(或者 $I_{\vec{l}_{\hat{x}_j}}=0$)。$\vec{l}_{\hat{x}_j} \ni \hat{x}_i$ 表示数据点 $\hat{x}_i$ 属于模型假设 $\vec{l}_{\hat{x}_j}$ 的内点。可以通过式(6.10)计算所得的残差值判断一个数据点是否为内点，即

$$\vec{l}_{\hat{x}_j} \ni \hat{x}_i \Leftrightarrow d_r(\vec{l}_{\hat{x}_j}, \hat{x}_i) \leqslant \beta \tag{6.12}$$

式中，β 为非负阈值。本小节对不同的拟合任务将 β 设定为一个固定值，而它对本章所提出算法的影响将在 6.3.1 小节进一步讨论。

6.2.3 本章所提出的模型拟合方法

本小节基于前面的小节总结本章所提出的 CLSA 方法，如算法 6.1 所示。CLSA 包含三个主要步骤：潜在语义空间构造、离群点去除和子空间恢复。

算法 6.1 CLSA

输入： 输入数据 X、阈值 ψ 和 β。

---

1. 生成一定数量的模型假设。
2. 根据式(6.1)计算偏好矩阵。
3. 根据式(6.3)构造 LSS，并将所有输入数据映射到空间中。
4. 根据式(6.4)更新 LSS 以减少子空间数量。
5. 通过式(6.8)去除 LSS 中对应离群点的映射点。
6. 采用整数线性规划将剩下的映射点聚类到不同的子空间中。
7. 根据得到的聚类簇估计模型实例的参数。

输出：模型实例参数及每个数据点的标签。

CLSA 首先融合潜在语义分析及连续性偏好分析构造潜在语义空间 LSS，以将对应不同模型实例的内点映射到不同的独立子空间并同时将离群点映射到原点附近。接着，进一步分析和利用 LSS 的数据分布，将对应离群点的映射点去除。然后，采用整数线性规划将剩下的映射点聚类到不同的子空间中，以进一步估计模型实例的参数。如 6.3 节的实验结果，表明所提出的 CLSA 能够快速有效地处理模型拟合问题。

6.3　实验结果与分析

本节通过对比一些当前流行模型拟合方法来验证 CLSA 的有效性和鲁棒性。除了直接与 MSHF2 进行对比，还另外对比了 RansaCov[49]和 RPA[107]。此外，为了验证本章所提出的子空间恢复策略的有效性，测试了两种版本的 CLSA，即在 LSS 中采用 K-means 算法[110]聚类的 CLSA1，及在 LSS 中采用本章提出的子空间恢复策略的 CLSA2。本节使用的 PC 机的配置为 Intel Core i7-3770、3.4GHz CPU 和 16GB RAM 的 MS Windows 10。本节采用式(2.19)的评估标准来计算分割误差。

6.3.1　参数分析与设置

本小节分析 CLSA2 的两个参数(式(6.1)中的阈值 ψ 和式(6.12)中的阈值 β)对拟合性能的影响。本小节测试两个参数取不同值时估计单应性和基础矩阵的性能，分别从 6.3.3 小节和 6.3.4 小节各自取三个数据集进行测试，并在图 6.4 中显示 CLSA2 输入不同参数值所得到的平均分割错误率。

从图 6.4 可以看到，当阈值 ψ (图 6.4(a)和(b))分别设为 0.02～0.07(针对单应性估计)和 0.02～0.04(针对基础矩阵估计)时，CLSA2 能够取得较为稳定的拟合结果。因此，在以下所有实验中将阈值 ψ 固定为 0.03。类似地，当阈值 β (图 6.4(c)和(d))设为 0.3～0.1 时，CLSA2 在两种拟合任务中均能够取得较低的分割错误率。因此，在以下所有实验中，将阈值 β 固定为 0.8。

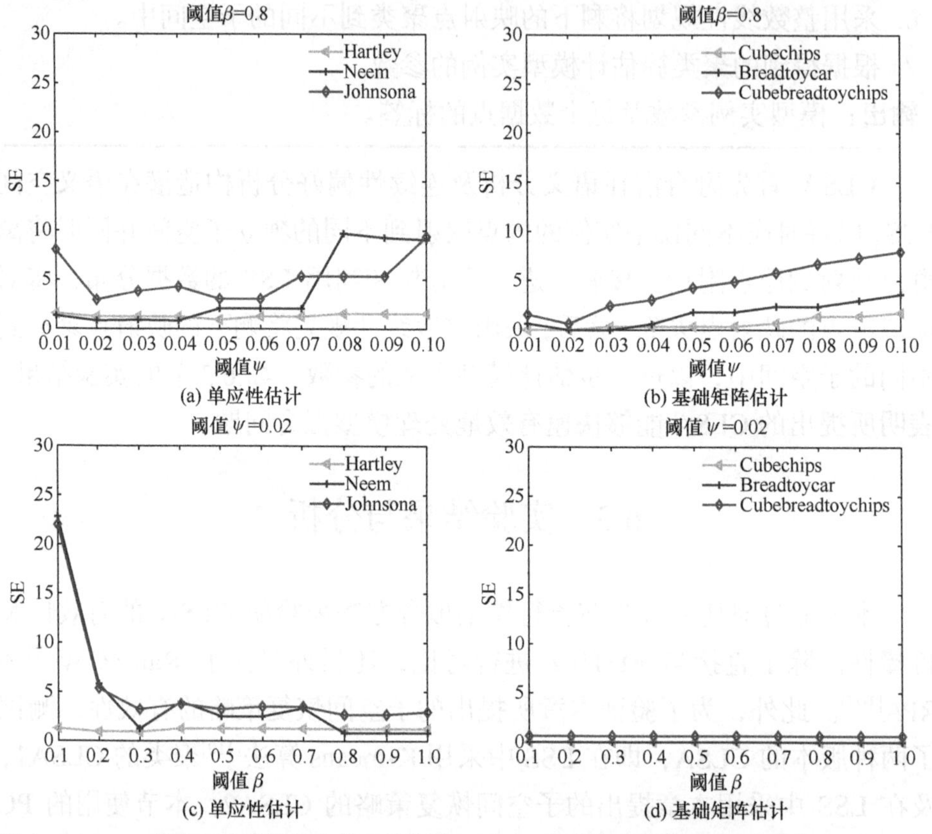

(a) 单应性估计　(b) 基础矩阵估计　(c) 单应性估计　(d) 基础矩阵估计

图 6.4　CLSA2 输入不同参数值在单应性估计((a)和(c))和基础矩阵估计((b)和(d))所得到的平均分割错误率。(a)和(b)显示了 CLSA2 采用不同的 ψ 值但相同的 β 值的平均分割错误率；(c)和(d)显示了 CLSA2 采用不同的 β 值但相同的 ψ 值的平均分割错误率

6.3.2　采样算法的分析与设置

本小节进一步测试不同采样算法对 CLSA2 的拟合性能的影响，还测试了三种流行的采样算法，即 RANSAC[27]、MultiGS[41]和 Proximity[33]，进行估计单应性和基础矩阵。同样从 6.3.3 小节和 6.3.4 小节各自取三个

数据集进行测试，并在图 6.5 中显示 CLSA2 采用不同采样算法所得到的平均分割错误率。

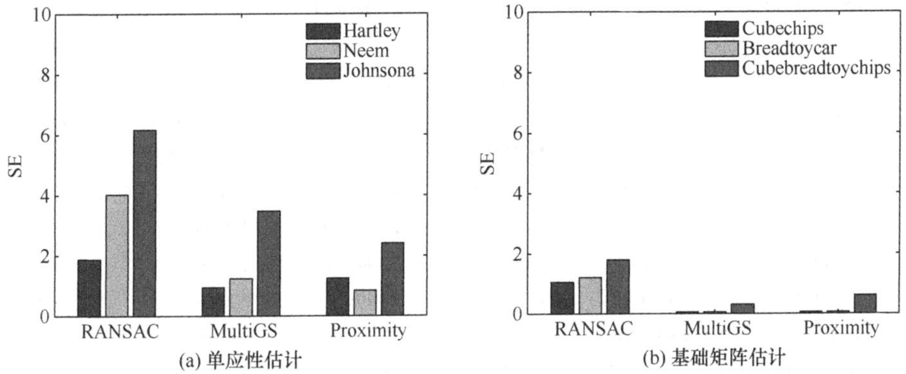

图 6.5　CLSA2 采用不同采样算法(RANSAC、MultiGS 和 Proximity)所得到的平均分割错误率

从图 6.5 中可以看到，当采用两种指导性采样算法(MultiGS 和 Proximity)，CLSA2 在两种拟合任务中均能够取得较低的分割错误率。而采用生成高比例无效模型假设的随机采样算法(RANSAC)，CLSA2 则取得相对较高的分割错误率。因此，Proximity 能够生成与 MultiGS 类似质量的模型假设。但因 MultiGS 的计算时间复杂度相对较高。所以，采用 Proximity 作为本节以下的所有实验所有对比拟合方法的采样算法。

6.3.3　单应性估计

本小节从“AdelaideRMF”数据集[2]中选取 19 组代表性的图片对用于测试五种对比拟合方法估计单应性的性能。重复所有五种对比方法的每个实验 50 次。表 6.1 统计了分割错误率的均值和标准方差及其 CPU 时间，并在图 6.6 上显示 CLSA2 所获得的部分拟合结果。

表 6.1　五种拟合方法在 19 组真实图像上的单应性估计性能比较：分割错误率

(单位：%)

数据集(#)	MSHF2	RansaCov	RPA	CLSA1	CLSA2
Unionhouse(1)	**0.30**±0.01	**0.30±0.00**	2.28±0.29	0.60±**0.00**	0.60±**0.00**
Bonython(1)	**0.00**±0.01	**0.00±.000**	2.82±0.54	**0.00±0.00**	**0.00±0.00**
Physics(1)	**0.00**±0.01	2.92±0.30	1.60±1.33	**0.00±0.00**	**0.00±0.00**
Elderhalla(2)	**0.93**±0.15	1.43±**0.00**	1.68±0.50	**0.93±0.00**	**0.93±0.00**

续表

数据集(#)	MSHF2	RansaCov	RPA	CLSA1	CLSA2
Ladysymon(2)	**2.62**±0.86	4.30±**0.76**	23.20±0.84	14.93±2.53	12.36±1.94
Library(2)	**2.37**±0.82	6.38±1.28	5.67±2.55	5.62±1.93	2.42±**0.19**
Nese(2)	**0.20**±0.27	3.69±0.35	4.17±0.35	0.27±0.21	0.23±**0.20**
Sene(2)	**0.24**±0.13	1.68±0.13	0.42±0.80	0.40±**0.00**	0.40±**0.00**
Napiera(2)	27.78±3.26	**14.81**±1.46	33.11±4.10	24.63±4.35	15.16±**0.14**
Hartley(2)	1.90±0.31	3.11±0.30	11.87±**0.01**	1.72±0.18	**0.78**±0.26
Oldclassicswing(2)	**1.08**±0.33	4.93±4.71	20.05±**0.01**	1.71±0.85	1.97±0.28
Barrsmith(2)	24.48±9.50	10.30±1.91	12.44±**0.01**	1.82±0.40	**1.49**±0.21
Neem(3)	**1.78±0.48**	11.24±2.31	22.40±12.0	3.28±4.22	2.90±1.32
Elderhallb(3)	**2.94**±1.10	11.54±1.82	17.71±1.52	7.60±6.11	6.47±**0.91**
Napierb(3)	13.12±4.12	15.54±3.06	18.92±1.01	17.18±2.19	**7.37±0.84**
Johnsona(4)	**3.02**±1.41	5.87±0.88	16.35±**0.01**	14.90±9.03	4.79±0.93
Unihouse(5)	9.29±**0.38**	6.60±2.87	**5.08**±1.52	18.96±5.48	13.03±0.75
Bonhall(6)	31.65±8.69	**21.09**±2.38	39.17±8.45	36.91±5.74	33.03±**0.74**
Johnsonb(7)	16.61±4.96	**12.83±3.47**	25.19±9.52	39.83±14.6	31.58±7.82
均值	7.38	7.98	13.9	10.06	**7.13**
中值	**2.37**	6.12	12.44	3.28	2.42

注："#"表示数据中包含真实模型实例的数量。

图 6.6　单应性估计示例。每个数据集的 1～2 行分别表示真实的模型实例和 CLSA2 所拟合的模型实例。这里只显示双视图中的单张图像

从图 6.6、表 6.1 和表 6.2 中可以看到，CLSA2 和 MSHF2 在大部分数据上能够取得较低的平均分割错误率。然而，在计算时间方面，CLSA2 具有明显的优势。CLSA2 在 19 组数据中的 17 组数据上只需要 0.08s 完成拟合，而在其他两组数据(Unihouse 和 Bonhall)上也只需要 0.23s 完成拟合。此外，在所有的统计结果中，CLSA2 取得最小的分割错误率均值。相反地，RansaCov 只在 19 组数据中的 12 组数据上取得较低的分割错误率。此外，RansaCov 在所有数据上的计算速度均较慢于 CLSA2 和 MSHF2，且在所有的统计结果中，虽然取得类似的分割错误率均值，但其分割错误率中值较高。RPA 是一种类似于 CLSA2 基于偏好性分析的拟合方法，但其在大部分数据上无法取得较低的分割错误率。这是因为，CLSA2 利用潜在语义分析，只保留偏好信息中的主要偏好信息，并同时去除多余的干扰信息。此外，CLSA2 采用一种简单有效的子空间恢复策略区分数据点。相比 CLSA2，CLSA1 只在 19 组数据中的 12 组数据上取得较低的分割错误率，而在其他七组数据上无法取得较好的拟合结果。这在一定程度上表明了本章提出的子空间恢复策略的有效性。所以，在所有对比拟合方法中，CLSA1/CLSA2 的计算时间具有非常显著的优势。

表 6.2 五种拟合方法在 19 组真实图像上的单应性估计性能比较：CPU 时间

(单位：s)

数据集(#)	MSHF2	RansaCov	RPA	CLSA1	CLSA2
Unionhouse(1)	1.02	7.49	60.57	0.21	**0.06**
Bonython(1)	0.96	12	25.01	0.28	**0.06**
Physics(1)	1.75	6.85	11.19	0.16	**0.06**
Elderhalla(2)	2.16	6.97	44.73	0.41	**0.04**
Ladysymon(2)	2.39	11.41	55.04	0.45	**0.06**
Library(2)	1.8	5.47	52.65	0.41	**0.04**
Nese(2)	2.32	11.19	51.59	0.35	**0.05**
Sene(2)	1.8	9.19	55.59	0.47	**0.05**
Napiera(2)	2.18	13.98	91.66	0.53	**0.06**
Hartley(2)	1.63	7.97	94.73	0.59	**0.05**
Oldclassicswing(2)	1.81	7.78	98.73	0.67	**0.07**
Barrsmith(2)	1.42	14.43	66.02	0.56	**0.04**
Neem(3)	0.13	9.29	82.02	0.45	**0.05**
Elderhallb(3)	2.18	13.28	97.94	0.71	**0.06**

续表

数据集(#)	MSHF2	RansaCov	RPA	CLSA1	CLSA2
Napierb(3)	1.87	16.25	77.72	0.47	**0.06**
Johnsona(4)	2.24	16.84	152.66	0.64	**0.06**
Unihouse(5)	5.7	62.14	5133.68	3.47	**0.23**
Bonhall(6)	7.87	45.96	1111.15	0.82	**0.12**
Johnsonb(7)	5	26.38	539.91	0.82	**0.08**

注："#"表示数据中包含真实模型实例的数量。

6.3.4 基础矩阵估计

对于基础矩阵估计，本小节从"AdelaideRMF"数据集中选取剩下的19组代表性的图片用于测试七种对比拟合方法估计基础矩阵的性能。重复所有七种对比方法的每个实验50次。表6.3统计了分割错误率，图6.7显示了MSHF2所获得的部分拟合结果。

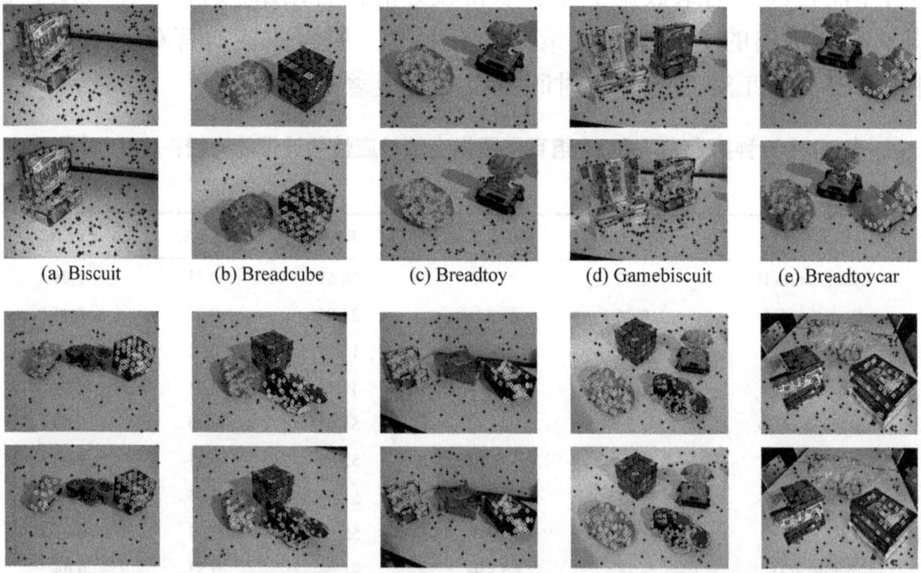

(a) Biscuit (b) Breadcube (c) Breadtoy (d) Gamebiscuit (e) Breadtoycar

(f) Carchipscube (g) Breadcubechips (h) Biscuitbookbox (i) Cubebreadtoychips (j) Dinobooks

图6.7 基础矩阵估计示例。每个数据集的1～2行分别表示真实的模型实例和CLSA2所拟合的模型实例。这里只显示双视图中的单张图像

从图6.7、表6.3和表6.4中可以看到，RansaCov在大部分数据上无法有效地拟合模型实例(其取得较高的分割错误率)。这是因为RansaCov

利用了所有生成的模型假设的信息进行拟合，而这些模型假设中含有大量的无效模型假设。为了覆盖到数据中包含的所有模型实例，进行基础矩阵估计时往往需要生成大量的模型假设。从拟合结果可以看到，这些无效的模型假设对 RansaCov 的拟合性能产生了严重的影响。RPA 在大部分数据上均能够取得较低的分割错误率，但其计算速度相对较慢。MSHF2 在 19 组数据中的 12 组数据上取得较低的平均分割错误率，且其比 RansaCov 和 RPA 具有更好的计算速度。CLSA1 在 19 组数据中的 10 组数据上取得较低的平均分割错误率，但其在其他 9 组数据上取得较高的平均分割错误率。相比 CLSA1 和其他的对比拟合方法，CLSA2 在 19 组数据中的 16 组数据上取得最低的平均分割错误率，且 CLSA2 在所有的统计结果中取得最低的分割错误率均值和中值。需要指出的是，当每个数据上重复 50 次实验(每一次都生成不同的模型假设)时，CLSA2 在 19 组数据中的 17 组数据上均能够稳定地获得较好的拟合结果。这在一定程度上突显了 CLSA2 中潜在语义空间构造、离群点去除和子空间恢复的高效性能。在计算时间方面，CLSA2 在每次实验中只需要 0.05s 便完成最终的拟合。在 CLSA1 的基础上 CLSA2 的计算速度提高了一个量级，而在其他拟合方法上提高了两个量级以上。因此，相比一些流行的对比拟合方法，CLSA2 在拟合精度和计算速度具有非常显著的优势。

表 6.3　五种拟合方法在 19 组真实图像上的基础矩阵估计性能比较：分割错误率

(单位：%)

数据集(#)	MSHF2	RansaCov	RPA	CLSA1	CLSA2
Cube(1)	**2.08**±0.66	4.33±0.45	5.20±2.21	2.98±0.00	2.98±**0.00**
Book(1)	0.64±0.42	5.72±0.91	5.18±1.88	**0.00±0.00**	**0.00±0.00**
Biscuit(1)	1.30±0.55	6.21±0.82	8.60±2.65	**0.30±0.00**	**0.30±0.00**
Game(1)	2.44±0.74	6.99±1.54	8.54±1.72	**0.42±0.00**	**0.42±0.00**
Biscuitbook(2)	2.40±1.82	5.16±0.87	5.86±2.37	**0.29±0.00**	**0.29±0.00**
Breadcube(2)	2.31±0.78	5.37±1.02	6.19±2.30	**0.00±0.00**	**0.00±0.00**
Breadtoy(2)	4.86±7.76	32.98±2.10	11.77±5.97	**0.00±0.00**	**0.00±0.00**
Cubechips(2)	3.55±0.98	6.69±1.17	8.09±2.19	**0.00±0.00**	**0.00±0.00**
Cubetoy(2)	2.16±0.79	8.43±0.95	3.61±2.87	**0.00±0.00**	**0.00±0.00**
Gamebiscuit(3)	1.95±0.74	7.92±4.47	7.92±0.99	**0.61±0.00**	**0.61±0.00**

续表

数据集(#)	MSHF2	RansaCov	RPA	CLSA1	CLSA2
Breadtoycar(3)	5.42±1.96	23.43±1.12	13.85±1.75	14.33±15.13	**0.00±0.00**
Carchipscube(3)	25.51±7.56	23.51±9.79	31.51±6.92	10.30±11.71	**3.03±0.00**
Toycubecar(3)	14.00±6.57	34.85±9.08	14.05±3.09	**10.80**±2.32	13.20±**0.26**
Breadcubechips(3)	1.74±1.75	12.60±7.75	9.56±1.37	20.52±10.14	**1.30±0.00**
Biscuitbookbox(3)	1.54±0.90	23.35±1.91	3.56±1.88	10.81±12.96	**0.77±0.00**
Cubebreadtoychips(4)	4.25±6.62	24.40±5.01	6.72±1.83	10.92±7.72	**2.14±0.00**
Breadcartoychips(4)	25.06±6.14	16.45±6.54	9.70±1.87	11.22±6.32	**5.58±0.00**
Dinobooks(3)	18.05±2.08	30.88±2.28	16.38±2.05	16.22±5.59	**9.72±0.00**
Boardgame(3)	21.57±7.77	22.36±2.87	**14.30**±2.80	21.47±1.61	22.58±**1.08**
均值	7.41	15.87	10.03	6.90	**3.31**
中值	2.44	12.60	8.54	2.98	**0.61**

注：“#”表示数据中包含真实模型实例的数量。

表 6.4　五种拟合方法在 19 组真实图像上的基础矩阵估计性能比较：CPU 时间

(单位：s)

数据集(#)	MSHF2	RansaCov	RPA	CLSA1	CLSA2
Cube(1)	5.11	9.14	42.61	0.81	**0.05**
Book(1)	4.81	10.14	16.78	0.53	**0.05**
Biscuit(1)	5.27	12.72	51.14	0.88	**0.05**
Game(1)	4.95	4.07	24.98	0.41	**0.04**
Biscuitbook(2)	6.57	13.60	64.28	0.91	**0.05**
Breadcube(2)	4.82	10.45	33.99	0.68	**0.05**
Breadtoy(2)	5.87	14.86	48.91	0.76	**0.05**
Cubechips(2)	5.18	10.63	45.72	0.76	**0.05**
Cubetoy(2)	4.89	9.14	36.01	0.70	**0.05**
Gamebiscuit(3)	5.81	11.20	59.04	0.88	**0.05**
Breadtoycar(3)	5.06	3.41	25.65	0.48	**0.05**
Carchipscube(3)	3.81	6.14	23.78	0.60	**0.05**
Toycubecar(3)	4.73	8.20	30.60	0.85	**0.05**
Breadcubechips(3)	4.35	6.81	38.97	0.83	**0.05**
Biscuitbookbox(3)	5.44	16.20	47.22	0.89	**0.05**
Cubebreadtoychips(4)	4.70	9.57	83.49	1.09	**0.05**
Breadcartoychips(4)	4.02	5.70	47.24	0.84	**0.05**
Dinobooks(3)	4.89	12.46	91.99	1.43	**0.05**
Boardgame(3)	4.63	9.45	52.16	0.87	**0.05**

注：“#”表示数据中包含真实模型实例的数量。

6.4 本章小结

本章通过融合 LSA 及 CPA 的优势，提出了一种基于连续性潜在语义分析的拟合方法 CLSA。LSA 能够有效地降低 CLSA 的计算时间复杂度，从而提高 CLSA 的计算效率。CPA 能够用于有效地表示模型拟合问题中模型假设与数据点之间的复杂关系，这在一定程度上能够保证 CLSA 的拟合性能。将 LSA 和 CPA 进行融合，通过构造新型的 LSS 将所有输入数据映射到该空间中，使得内点分布在不同的子空间而离群点分布在 LSS 的原点附近。另外，本章根据 LSS 的数据分布特征，提出采用信息理论策略来自适应地去除离群点。之后，将复杂的模型拟合问题转化为简单的子空间恢复问题，并提出一种简单有效的子空间恢复策略。在真实图片上的实验结果表明，CLSA 在拟合精度和计算速度上均能够取得很好的性能，相比一些当前流行的拟合方法，CLSA 具有很显著的优势。

第 7 章　基于超像素的确定性模型拟合方法

7.1　引　言

模型拟合方法要求较高的鲁棒性。虽然 GMSF、HF 和 MSH 这三种模型拟合方法相比当前的拟合方法有明显的优势，但是，这三种模型拟合方法和当前大部分拟合方法(gpbM[22]、SCAMS[112]、RCG[55]、PEARL[29,113]、SWIFT[40]、T-linkage[23]等)一样，均是基于随机性的拟合方法。也就是说，如果无法采样到足够多的最小数据子集，它们每次获得的拟合结果可能会不完全相同。然而，有些工业化的应用更加倾向于一个准确稳定的拟合结果。因此，确定性拟合方法(对于相同的输入数据，每次拟合结果总保持一致)的研究有着重要的意义。

确定性的模型拟合方法已经引起大量学者的广泛关注[25,59,60,114,115]。与随机性拟合方法的不可预测性相比，这些确定性拟合方法能够获得稳定的结果。比如，文献[115]提出将拟合问题转化为混合整数规划问题，并利用新型分支界限方法来确定性地解决这个问题。文献[114]提出利用最大可行性子系统框架来确定性地生成模型假设。文献[60]提出基于内点噪声尺度估计来检测全局性的最优转换。文献[25]针对双目转换拟合问题提出一种新型分支界限方法。文献[59]提出将模型拟合问题转化为树搜索问题，并用 Astar 搜索算法[116]来寻找全局最优解。

虽然当前的确定性拟合方法[25,59,60,114,115]能够保证拟合结果的一致性，但是大部分方法在计算时间上开销较大，尤其是在处理含有较少内点比值的数据集时，这些拟合方法在计算时间上的缺点将更加明显。这主要是因为，这些拟合方法为了保证拟合结果的准确性和一致性，对算法进行了全局性优化。而对于含有较少内点比值的数据集，全局优化很难满足所设定的终止条件，这也导致了算法时间复杂度比较高。此外，大部分确定性拟合方法[25,59,60,115]只能处理含有单结构的数据集。这两个问题在一定程度上限制了确定性拟合方法在真实数据中的推广应用。

本章要处理的是一个复杂且极具挑战性的问题，即高效并确定性地拟合多结构数据。特征表观含有一些很重要的先验信息。有些学者[38,113,117]将特征表观信息引入到模型拟合问题中。然而，确定性拟合方法却没有充分挖掘输入的关键点匹配对中的特征表观信息。因此，本章将这些特征表观含有的先验信息引入到确定性拟合方法中，以降低算法的时间复杂度。首先，通过分析超像素(其中，超像素能够刻画特征表观含有的先验信息)以获取数据点的分组信息。接着，基于分组信息，提出一种快速有效的基于超像素的确定性拟合(superpixel-based deterministic fitting，SDF)，以拟合多结构数据。SDF 不仅能够确定性地生成高质量的模型假设集(该模型假设集主要是由有效的模型假设组成，其中无效的模型假设只占比较低的比例)，而且能够利用一种新型的模型选择策略来快速地估计出数据中所有的模型实例。SDF 应用于单应性估计的主要步骤如图 7.1 所示。

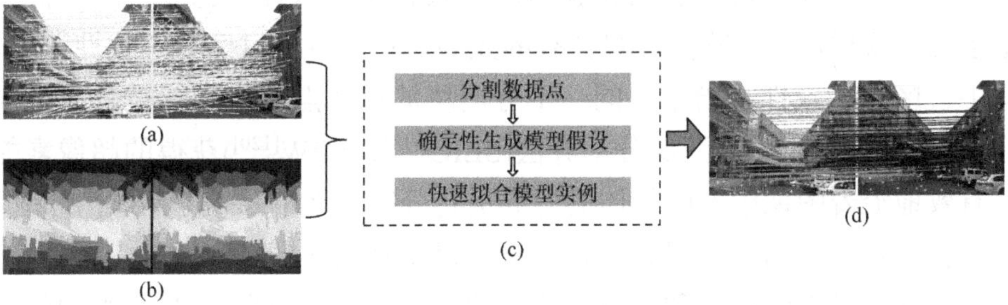

图 7.1　SDF 应用于单应性估计的主要步骤。(a) 含有关键点匹配对的图像对。(b) 利用 SLIC[118]算法对输入图像对进行超像素分割效果，其中，相同图像分割块表示同一个超像素。(c) 所提拟合方法 SDF 的流程，其中，箭头表示执行顺序。(d) 最后获得的拟合结果，其中，相同平面的关键点匹配对表示来自同一个结构的内点，其他为离群点

本章的主要贡献可以归结如下。①首次将超像素引入到模型拟合问题中。由于超像素能够有效刻画特征表观信息，其可为确定性拟合方法提供可靠的分组信息。②提出了一种新型的指导采样算法用于挖掘超像素的分组信息，并将其与关键点匹配信息相结合。该指导采样算法能够确定性地生成高质量的模型假设集。③通过改进传统的“拟合-去除”框架提出一种快速有效的模型选择策略。该模型选择策略可充分利用高质量的模型假设集来设定特定的策略，以有效地选择模型实例。总体来说，SDF

能够在多结构数据上快速有效地提供一致且准确性较高的拟合结果。这对鲁棒拟合方向有重要的意义，因为目前大部分传统拟合算法均是基于随机性的，而且当前的一些确定性算法具有很高的时间复杂度。实验结果显示，SDF 比当前一些流行的确定性拟合方法在使用范围和时间复杂度方面具有实质性的改进。

7.2 算法描述

本节首先将超像素引入到模型拟合问题中，用于提供可靠的数据点分组信息。接着，基于分组信息，提出一种确定性指导采样算法和一种新型的模型选择策略。接下来将介绍 SDF 的主要原理。

7.2.1 把超像素引入到模型拟合

本节将特征表观含有的先验信息引入到模型拟合问题中，以加快数据子集的采样速度。特征表观含有的先验信息可以通过区域一致性获得。其中，区域一致性是指来自同一个分割块的特征点更有可能被分配到同一个标签[119]。而通过图像分割算法(SLIC[118]、LRW[120])获得的超像素能够有效地沿着图像中不同物体的边界进行分割，此外，一般情况下，超像素不会跨越多个物体。因此，超像素可以用来表达区域一致性。

根据超像素的性质和区域一致性的定义，如果来自第 k 个视图的两个特征点 f_i^k 和 f_j^k 属于同一个超像素，那么对应的两个匹配对 x_i 和 x_j 很有可能属于同一个结构的内点。在双视图问题中，一个匹配对 x_i 是由来自于两个不同视图的特征点 $\{f_i^1, f_i^2\}$ 组成。本节以 AdelaideRMF 数据集中的“Gamebiscuit”图像对为例，如图 7.2 所示。使用超像素分割算法来获取两张图像的超像素，并显示真实模型实例(基础矩阵)的关键点匹配对。从图 7.2 中可以看到，大部分含有来自同一个超像素的有效特征点相应的关键点匹配对均来自于同一个模型实例。

基于以上观察，输入的关键点匹配对被分割成一个分组集合 G 。其中，每个分组由来自于同一个超像素中的关键点匹配对组成。这样，同一个分组的关键点匹配对有比较高的概率来自于同一个模型实例的内点。

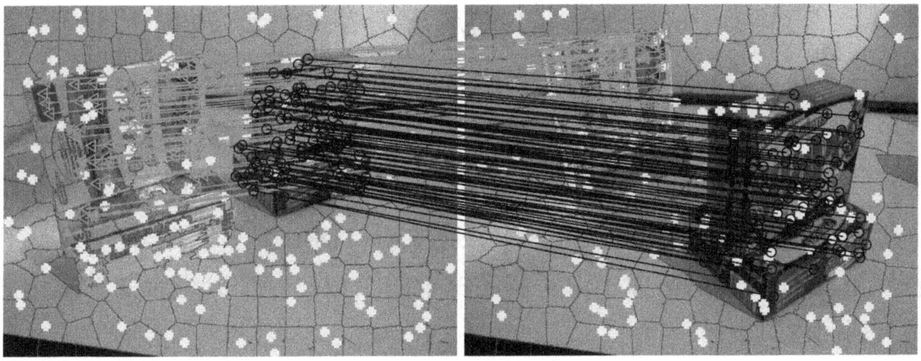

图 7.2　在图像对“Gamebiscuit”上，超像素与真实模型实例(基础矩阵)的关键点匹配对相结合的示例。其中，相同平面的关键点匹配对表示来自同一个结构的内点。离群点用加号表示。图中分块为超像素分割效果

7.2.2　确定性指导采样算法

本节把根据特征表观含有的先验信息得到的关键点匹配对分组信息引入到指导采样算法中。该分组信息并不能直接用于生成模型假设。这主要有以下两个原因。一是数据集中来自于同一个模型实例的内点往往不仅包含一个分组中的数据点。因此，如果只在一个小范围里采样数据子集，将会造成采样退化，从而影响生成的模型假设集的质量[121]。二是一个分组中的数据点除了包含内点以外，还包含一些离群点。显然，若将一个分组中的所有数据点作为采样数据子集，那么这种情况下将无法生成对应于真实模型实例的模型假设。

针对以上两个问题，本节分别提出两个策略：对于问题一，通过合并分组集合 G 中的分组数据来扩大采样数据子集的采样范围。理论上，可以将分组集合 G 中的任意两个分组相合并。然而，这不仅比较耗时，而且还会生成大量的无效分组，即那些没有遵循区域一致性的分组，也就是说，分组中的匹配对可能来自于不同的模型实例。所以，本节提出只合并满足一定条件的分组，即满足合并的分组所对应的超像素在图像中的相同区域内。这主要是因为，如果相同区域内的特征点所对应的匹配对是相邻的，那么它们具有比较大的概率来自于同一个模型实例。对于一个分组 $G_i \in G$，将其分别与特定大小区域内的每个相邻的分组(对应相邻超像素的分组)一一合并生成新的分组 $\hat{G}_{i\cup j}$：

$$\hat{G}_{i\cup j}=\begin{cases}G_i\cup G_j, & G_j\in N(G_i)且R(l_i,l_j)\leqslant 2S\times 2S\\ G_i, & 其他\end{cases} \tag{7.1}$$

式中，$N(G_i)$表示G_i的近邻分组；l_i和l_j分别表示G_i和G_j对应的超像素标签；$R(\cdot,\cdot)$表示图像中两个超像素的合并区域；$S\times S$表示一个预期的超像素尺寸。该尺寸中的网格间距S根据文献[118]设定，即$S=\sqrt{N/M}$，其中N和M分别表示图像中像素和超像素的个数。一个分组合并的示例如图 7.3 所示。

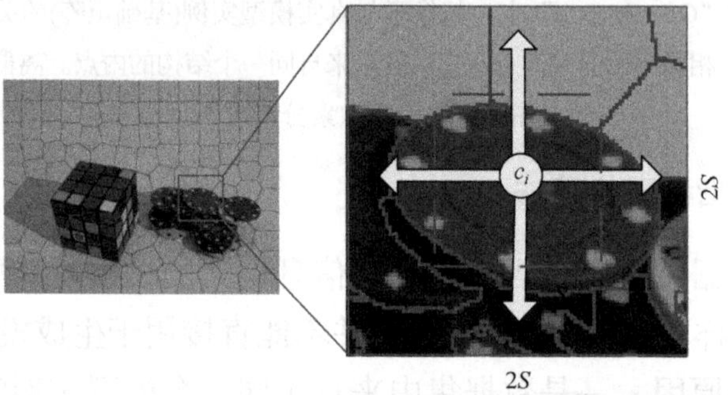

图 7.3　分组合并示例。c_i表示G中第i个分组的中心点。S表示网格间距。右图中虚线框表示一个$S\times S$的超像素。本书在尺寸为$2S\times 2S$的区域(右图中实线框)内合并相邻超像素相应的分组

采用上述方式，对应较小超像素的分组将被合并，而对应较大超像素(即尺寸大于$2S\times 2S$)的分组则不会被合并。然后，本节重新组合合并后的分组，生成新的分组集合$\hat{G}$。这种合并方式可能会产生一些无效的分组，即分组内含有来自不同模型实例的匹配对。然而，产生的大部分分组能够满足区域一致性。更重要地，采样退化问题也将被有效缓解，因为分组集合$\hat{G}$中的每个分组$\hat{G}_i$由来自于更大区域的匹配对组成。

对于第二个问题，即每个分组含有部分离群点，根据相应的匹配信息，在每个分组$\hat{G}_i=\{x_i^j\}_{j=1}^{n_i}$中，只关注"最优"的关键点匹配对。对于一个分组$\hat{G}_i$，根据相应的匹配分数向量$s_i=[s_i^1,s_i^2,\cdots,s_i^{n_i}]$(其中，每个匹配分数$s_i^j$根据 SIFT[35]匹配对来计算)，对分组含有的匹配对进行排序，并得到一个排列：

$$a_i=[a_i^1,a_i^2,\cdots,a_i^{n_i}] \tag{7.2}$$

式中，a_i^j为第i个分组$\hat{G}_i$中的第j个匹配对的排序索引。在$\hat{G}_i$中，匹配对

按照非升顺序排序，即

$$u < v \Rightarrow s_i^{a_i^u} > s_i^{a_i^v} \tag{7.3}$$

式中，u 和 v 分别表示 $\hat{G}_i$ 中匹配对 x_i^u 和 x_i^v 的索引。

然后，在每个分组 $\hat{G}_i$ 中，选择排序在最前面 m_0 个匹配对，即 $\{x_i^j\}_{j=a_i^1}^{a_i^{m_0}}$，作为采样的数据子集。这里需要指出的是，含有较高匹配分数的匹配对属于一个模型实例的内点的概率将更高[37]。所以，本书只关注含有较高匹配分数的匹配对有利于减少离群点对采样算法带来的影响。

基于特征表观含有的先验信息和本小节阐述的两种策略(分组合并和“最优的”关键点匹配对选择)，本书提出一种确定性的指导采样算法来生成模型假设，如算法 7.1 所示。该确定性指导采样算法结合了特征表观信息与几何信息，并有效地生成了高质量的模型假设。关于算法 7.1 中的参数 m_0，即用于生成模型假设的匹配对个数，将其设为 $p+2$，其中 p 表示生成一个模型假设所需要的最少匹配对个数。这是因为 $p+2$ 个匹配对能够生成一个相对更稳定的模型假设，该结论已在文献[90]中详细讨论过。

算法 7.1　一种新型的确定性指导采样算法

输入： 关键点匹配对的分组集合 G。

输出： 模型假设集 $\theta = \{\theta_i\}_{i=1,2,\cdots}$。

1. 根据式(7.1)，将分组集合 G 中的每个分组 G_i 跟特定大小区域内的每个相邻分组 G_j 合并，生成新的分组 $G_{i\cup j}$。
2. 根据式(7.3)，对合并后集合中的每个分组内的匹配对进行排序。
3. 在每个分组内选取排序最前面的 m_0 个匹配对作为采样的数据子集，并生成模型假设集 $\theta(=\{\theta_i\}_{i=1,2,\cdots})$。

本书发现，模型拟合方法 PROSAC[38]也是采样“最优”的关键点匹配对(根据匹配分数)的信息生成模型假设。然而，本章提出的采样算法只在局部的小范围内(在同一个分组内的匹配对)选择这些“最优”的关键点匹配对。相反地，PROSAC 则从所有输入匹配对中选择“最优”的关键点匹配对作为数据子集。显然，本章提出的采样算法获得的数据子集包含的数据全为内点的概率比较大，尤其是对多结构数据而言，这个优势将更加明显。更重要的是，PROSAC 是一种基于随机性的拟合方法，无法保证生成一致的模型假设，而本章的采样算法则是一种确定性采样算法，能够生成更加可靠的模型假设。

7.2.3　新型的模型选择算法

通过算法 7.1 获得模型假设集 θ 后，下一步是从 θ 中选取一些有意义的模型假设作为拟合的模型实例。对于单结构数据集，可以直接选取最有意义的模型假设作为拟合的模型实例。

对于多结构数据集，本章提出新型的“拟合-去除”框架选择模型实例。该框架的主要步骤如图 7.4 所示。相比传统的“拟合-去除”框架[33, 122] (图 7.5)，本章提出的模型选择框架，每次循环去除模型假设而不是数据点。此外，它不需要重复生成模型假设。因此，本章提出的模型选择框架能够有效克服传统的“拟合-去除”框架存在的一些问题[48]，即内点和离群点的区分准确性将直接影响剩下的模型实例的选择；此外，传统的“拟合-去除”框架还要求每次循环重新生成模型假设，这将影响算法的计算速度。

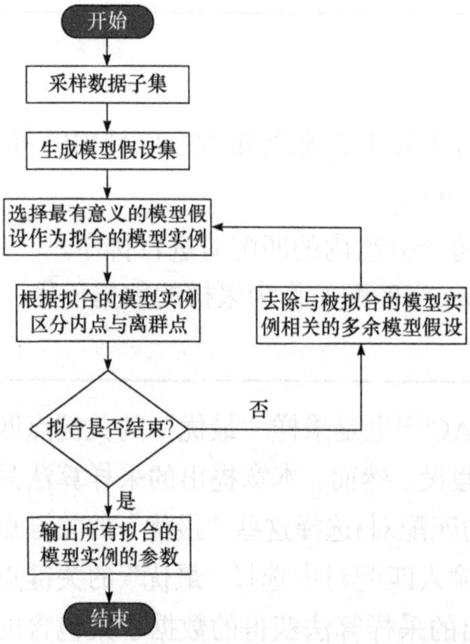

图 7.4　本章提出的“拟合-去除”框架

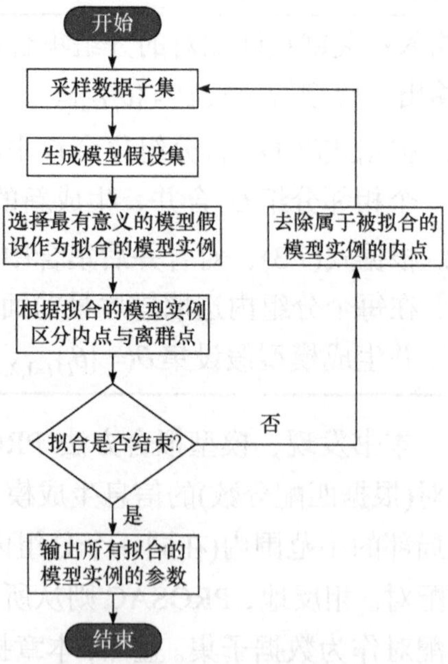

图 7.5　传统的“拟合-去除”框架

本章提出的模型选择框架最重要的步骤是如何去除多余的模型假设。对于一个被选取的模型假设 θ_i (图 7.6(b))，其对应的多余的模型假设包含一些无效的模型假设(图 7.6(d)和图 7.6(e))，和有效的模型假设(图 7.6(c))。其中，无效的模型假设是指那些相对应的采样数据子集包含了离群点或者来自不同模型实例内点的模型假设；有效的模型假设则是指与 θ_i 对应相同真实模型实例的模型假设。基于此观察，对于 θ_i，定义 $f(i,j)$ 用于判断一个模型假设 θ_j 是否属于多余的模型假设：

$$f(i,j)=\begin{cases}1, & \mathrm{Sam}(\theta_j)\cap \mathrm{In}(\theta_i)\neq \phi \\ 0, & \text{其他}\end{cases} \tag{7.4}$$

式中，$\mathrm{Sam}(\theta_j)$ 表示模型假设 θ_j 所对应的采样数据子集；$\mathrm{In}(\theta_i)$ 表示模型假设 θ_i 所包含的内点集；$\mathrm{Sam}(\theta_j)\cap \mathrm{In}(\theta_i)$ 用于判断 θ_j 的采样数据子集是否含有任何属于 θ_i 内点的数据点。因此，如果 $f(i,j)=1$，那么对应的模型假设 θ_j 属于多余的模型假设，本章提出的“拟合-去除”框架将其从模型假设集 θ 中移除；反之，则不移除。

(a)　(b)　(c)　(d)　(e)　(f)

图 7.6　本章提出的模型选择策略用于单应性估计的模型选择示例(这里只显示双视图中的一张图像)。(a) 显示了输入图像(“Elderhalla”)和真实的分割结果，其中，不同符号的点表示属于不同模型实例的内点。(b) 第一个被选取的模型假设所包含的内点。(c)～(e) 三种多余模型假设所对应的采样数据子集。(f) 第二个被选取的模型假设所包含的内点

若只是基于一些普通的采样算法，比如文献[23]、[27]所获得的模型假设集，本章提出的框架很有可能无法准确地去除多余的模型假设。主要的原因是这些普通的采样算法会生成大比例的无效模型假设，而且采样数据子集由随机选取的匹配对组成。然而，基于本章提出的确定性指导采样算法(算法 7.1)会获得高质量的模型假设集，所以该框架能够有效地拟合模型实例。具体地说，对于一个被选取的模型假设θ_i，模型假设集中含有的有效模型假设(即对应于数据集中的真实模型实例的模型假设)包含两个部分，即与θ_i对应于相同模型实例的模型假设$\hat{\theta}_i$，以及对应其他模型实例的模型假设$\tilde{\theta}_i$，在每次迭代中，该框架能够去除集合$\hat{\theta}_i$但却保留集合$\tilde{\theta}_i$。首先，集合$\hat{\theta}_i$中的模型假设将会被移除，因为这些模型假设的采样数据子集是由匹配分数较高的匹配对组成，而这些匹配对有较大的概率属于模型假设θ_i的内点。因此，根据式(7.4)，这些模型假设属于多余的模型假设。此外，集合$\tilde{\theta}_i$中的模型假设不会被移除，因为这些模型假设所对应的采样数据子集属于模型假设θ_i内点的概率非常低。

7.2.4 本章所提出的确定性模型拟合方法

本书结合本章前面所有小节所描述的内容，总结 SDF 方法，如算法 7.2 所述。SDF 首先通过一个分割算法获得测试图像对的超像素。这里采用 SLIC 分割算法[118]来生成超像素。这主要是因为该分割算法比较简单且有效。最重要的是，它能够确定性地生成超像素，且算法时间复杂度是线性的，即$O(N)$ (其中N为图像中的像素总数)。需要指出的是，SDF 的拟合效果并不会完全依赖于超像素的分割效果(尽管 SLIC 生成的超像素一般情况下不会跨越物体边界)。因为，数据集中的模型实例往往会对应于多个模型假设，也就是说，即使由于超像素分割错误导致生成一些无效的模型假设，SDF 仍然可以从其他超像素中获取有效的模型假设作为拟合的模型实例。

算法 7.2　SDF

输入： 数据集(关键点匹配对X)，内点噪声尺度和模型实例个数T。

输出： 拟合的模型实例和相应的内点。

1. 在测试图像对上运行超像素分割算法[118]。
2. 基于超像素分割匹配对，组成一个数据集合 G (7.2.1 节所述)。
3. 通过算法 7.1 确定性地生成模型假设集 θ 。
4. for $i=1$ to T do
5. 在模型假设集 θ 中，选择一个最有意义的模型假设 θ_i 作为拟合的模型实例。
6. 根据选择的模型假设 θ_i ，采用式(7.4)计算得到相应的多余模型假设集 $\vartheta_i=\{\theta_i^j\}_{j=1,2,\cdots}$ 。
7. 从模型假设集 θ 中移除选择的模型假设 θ_i 和相应的多余模型假设集 ϑ_i ，即 $\theta \leftarrow \theta \backslash \{\vartheta_i \cup \theta_i\}$ 。
8. end for

SDF 通过分析超像素的分组信息，可以确定性地估计多结构数据中的模型实例参数。SDF 主要包含两个部分，即确定性采样算法和新型模型选择策略。其中，确定性采样算法通过分析特征表观含有的先验信息生成高质量的模型假设，而新型模型选择策略针对生成的模型假设提出了一种改进版的“拟合-去除”框架。这两个部分很好地被 SDF 结合在一起，能够获得确定性的且准确性较高的拟合结果。在算法的时间复杂度方面，算法 7.2 的复杂度大约等于 $O(N)$ 这是因为在算法 7.2 的所有步骤中，SDF 的主要计算时间用于执行超像素分割步骤(步骤 1)。

7.3　实验结果与分析

为了验证 SDF 的有效性和鲁棒性，本章在单结构和多结构数据上测试了 SDF 拟合单应性模型和基础矩阵模型的性能，并与一些流行的拟合方法进行对比。对比拟合方法(PROSAC[38]、Astar[59]和 T-linkage[23])，本章与 PROSAC 作对比是因为 PROSAC 和 SDF 都采用了特征表观含有的先验信息。而 Astar 是当前比较流行的确定性拟合方法。然而，Astar 只能适用于单结构数据，因此只在 7.3.1 小节上测试 Astar 而 T-linkage 是一种能够有效处理多结构数据的拟合方法，但其在单结构数据中拟合效果一般，因此，本章只在 7.3.2 小节上做测试。另外，本章还运行 RANSAC 作为基准。

在参数设置方面，对不同的拟合方法在相同数据集上采用相同的内点噪声尺度，并优化这些对比方法的其他参数以获得最好的拟合结果。本章使用的 PC 机的配置为 Intel Core I7-3630、2.4GHz CPU 和 16GB RAM 的 MS Windows 7。

此次测试的数据集包含 20 组图像对：其中 10 组图像对只含有单结构数据，用于 7.3.1 小节的测试；其他 10 组图像对含有多结构数据，用于 7.3.2 小节的测试。其中，图像、匹配对和匹配分数均来自 BLOGS 数据集①，Oxford VGG 数据集②和 AdelaideRMF 数据集③。BLOGS 数据集和 OXford VGG 数据集没有提供匹配对和匹配分数，本书采用 VLFeat 工具箱④计算 SIFT 关键点匹配和相应的匹配分数。对其他相关数据，则在相应的数据集中获得匹配对和匹配分数。

7.3.1　在单结构数据上的实验结果与分析

首先，本书采用 10 组含有单结构数据的图像对来测试四种拟合方法(RANSAC、PROSAC、Astar 和 SDF)拟合单应性和基础矩阵的性能。在表 7.1 中，本章如同文献[37]、[60]采用 Sampson 距离[31]来量化评估拟合误差。本书参照文献[59]，只评估对比方法在一小时内得到的拟合结果，并同时报告不同方法的 CPU 运行时间。对于 RANSAC 和 PROSAC，因为它们属于随机算法，因此重复运行每个实验 50 次，并计算其平均值。对于 Astar 和 SDF，则不需要重复实验(这两种拟合方法为确定性拟合方法)。此外，图 7.7 上显示了 SDF 获得的拟合结果，并同时列出每个数据集的内点比例和输入匹配对的数量。

---

① http://www.cse.usf.edu/~sarkar/BLOGS/。

② http://www.robots.ox.ac.uk/~vgg/data/。

③ http://cs.adelaide.edu.au/。

④ http://www.vlfeat.org/。

表 7.1　四种拟合方法在 10 组含有单结构数据的真实图像上的拟合性能比较：拟合误差均值和 CPU 运行时间

估计种类	数据集	误差均值/%				时间/s			
		RANSAC	PROSAC	Astar	SDF	RANSAC	PROSAC	Astar	SDF
单应性估计	Keble	1.71	1.73	**1.69**	1.70	0.29	0.33	15.25	0.42
	Ubc	0.47	0.46	0.47	**0.45**	0.31	0.42	1.82	0.44
	Graffiti	1.32	1.34	1.31	**1.28**	0.30	0.35	7.23	0.45
	Bonython	10.76	9.76	×	**0.32**	6.45	6.58	>3600	0.36
	Physics	2.44	1.46	×	**1.45**	0.43	0.66	>3600	0.32
基础矩阵估计	Twocars	0.04	0.04	**0.03**	**0.03**	0.10	0.11	19.76	2.58
	Library	0.01	0.01	0.01	**0.00**	0.07	0.04	22.43	2.70
	Cube	0.06	0.06	×	**0.05**	7.38	8.06	>3600	0.30
	Book	0.03	0.05	×	**0.01**	0.19	0.24	>3600	0.29
	Biscuit	0.14	0.08	×	**0.04**	1.30	1.27	> 3600	0.37

1. 单应性估计

从图 7.7(a)～图 7.7(e)和表 7.1 可以看到，在含有较高内点比例的数据集(“Keble”、“Ubc”和“Graffiti”)中，所有四种对比拟合方法均能够取得较低的拟合误差，其中，SDF 在两组数据集获得最低的拟合误差。在含有较低内点比例的数据集(“Bonython”和“Physics”)中，SDF 均能获得比所有四种对比拟合方法更低的拟合误差。在计算速度方面，随机性算法(RANSAC 和 PROSAC)在含有较高内点比例的数据集上的计算速度比 SDF 要快，但在其他数据集则相对较慢。这是因为，当数据集中含有大量离群点时，RANSAC 和 PROSAC 无法生成高质量的模型假设，导致需要更多的迭代步数以满足收敛的条件。另外，相比 Astar 确定性算法，SDF 展现出了明显的优势：Astar 在含有较高内点比例的数据集上需要比 SDF 多一个数量级的时间；而在含有较低内点比例的数据集上，Astar 无法在一个小时内完成收敛。相反地，SDF 在大约 0.32～0.45s 内可以拟合出所有模型实例。

2. 基础矩阵估计

从图 7.7(f)～7.7(j)和表 7.1 中，可以看到随着内点比例的下降，RANSAC

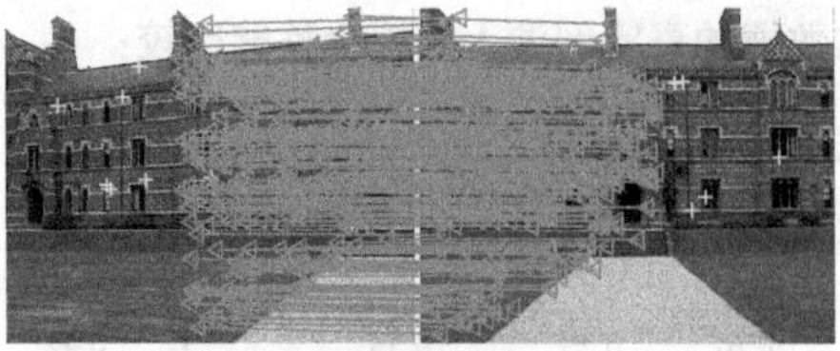

内点比例：93.85%
(a) Keble (293个匹配对)

内点比例：93.57%
(b) Ubc(140个匹配对)

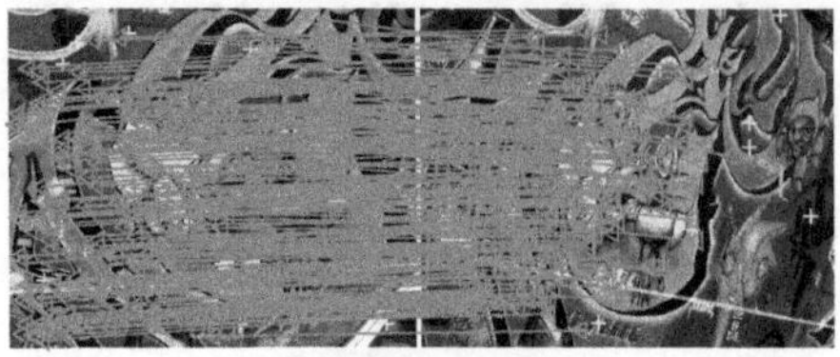

内点比例：69.33%
(c) Graffiti(212个匹配对)

内点比例：26.26%
(d) Bonython(198个匹配对)

内点比例：54.71%
(e) Physics(106个匹配对)

内点比例：61.71%
(f) Twocars (128个匹配对)

内点比例：70.37%
(g) Library (27个匹配对)

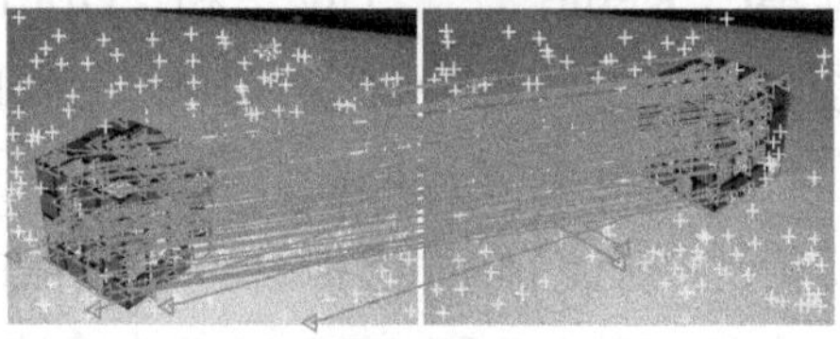

内点比例：32.11%
(h) Cube(302个匹配对)

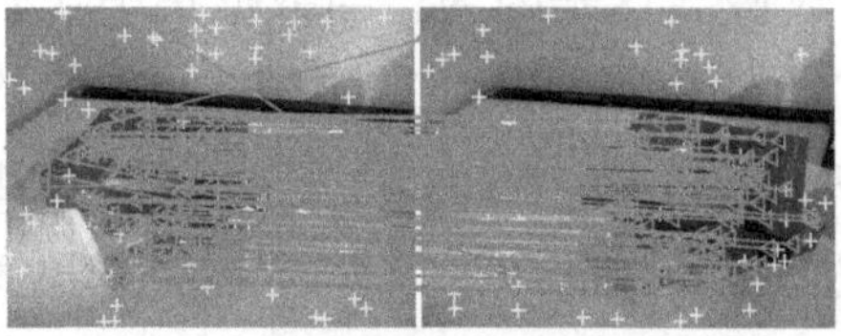

内点比例：56.14%
(i) Book (187个匹配对)

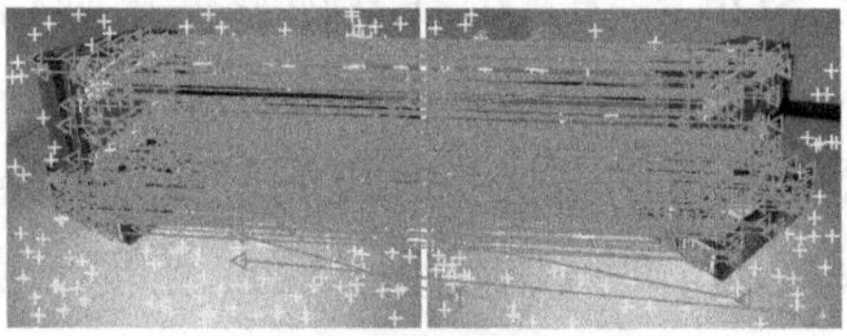

内点比例：44.24%
(j) Biscuit(330个匹配对)

图 7.7　在 10 个含有单结构数据的图像对上的拟合示例。(a)～(e)表示 SDF 估计单应性的拟合结果；(f)～(j)表示 SDF 估计基础矩阵的拟合结果。此外，本书还列出每个图像对中每个模型实例的内点比例匹配对的总数

和 PROSAC 需要的计算时间均相应地增加。这两种拟合方法均能够在含有内点比例较高的数据集(“Twocars”、“Library”和“Book”)中成功地

拟合出模型实例。但这两种拟合方法在“Cube”和“Physics”(含有内点比例较低的数据集)的计算速度比 SDF 较慢。Astar 在含有内点比例较高的数据集中可以获得较低的拟合误差，但其无法在一个小时内有效地处理含有内点比例较低的数据集。SDF 在五组数据集中均取得最低的拟合误差，并且比其他确定性算法的计算速度更快。

3. 离群点比例对算法的影响

本书还测试了四种拟合方法对离群点的鲁棒性。如图 7.8 所示，本书列出了四种拟合方法在不同离群点比例的数据集(“Physics”和“Book”)上的 CPU 运行时间(因为它们获得的拟合误差比较类似，所有这里没有列出拟合误差对比图)。可以看到，当离群点比例大于 50%时，SDF 明显优于其他三种对比拟合方法。Astar 比 RANSAC、PROSAC 和 SDF 需要更多的 CPU 运行时间。RANSAC 和 PROSAC 的 CPU 运行时间在离群点比例大于 40%(对于单应性估计)和 50%(对于基础矩阵估计)时稳步增加。这是因为离群点的增加会影响这两种拟合方法的收敛速度。相反地，SDF 在这两组图像对上的计算时间比较稳定，这也进一步表明了 SDF 对离群点的鲁棒性。

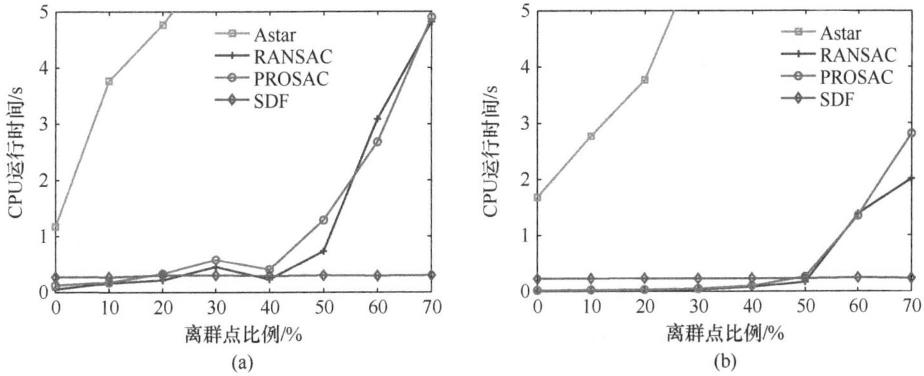

图 7.8　四种拟合方法在不同离群点比例(即离群点数目/数据点总数)的数据集上的拟合速度比较。(a)和(b)分别表示拟合单应性模型和基础矩阵模型的性能比较

4. 超像素数目对算法的影响

本书还进一步测试了超像素的数量 M 对 SDF 的影响。如图 7.9 所示，本书列出了 SDF 在六组图像对(“Keble”、“Graffiti”和“Physics”用于

测试单应性估计；“Twocars”、“Book”和“Biscuit”用于测试基础矩阵估计)上采用不同数目的超像素所获得的拟合误差和 CPU 运行时间。可以看到，随着不同数目的超像素 SDF 在其中的五组图像对上能够稳定地获得较低的拟合误差。然而，当 M 大于 300 时，SDF 在“Physics”的拟合误差突然上升。这是因为，该数据集含有的内点数较少，而当 M 大于 300 时，SDF 的分组集合中的每个分组含有的内点数则更少。在这种情况下，SDF 很难从每个分组中采样到高质量的模型假设，这也影响了 SDF 方法的拟合结果。而在计算时间方面，随着超像素数目的变化，SDF 的计算速度没有明显的波动。其中，SDF 在“Twocars”上比在其他五组图像对上需要更多的计算时间，这是由该图像对的复杂场景造成的(当场景比较复杂时，SDF 需要较多的时间用于生成超像素，从而导致使用更多的计算时间)。根据实验结果，可以在[50, 300]区域内选取一个数值作为超像素的数目。

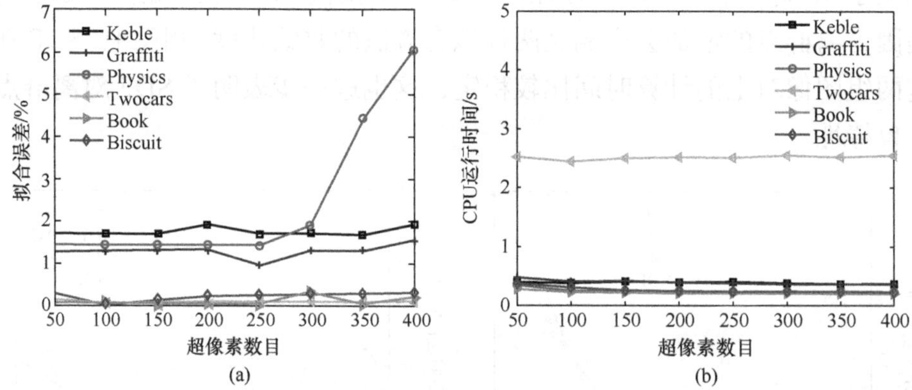

图 7.9 超像素的数量对本章拟合方法的影响测试。(a)和(b)分别列出本章拟合方法的拟合误差和 CPU 运行时间

7.3.2 在多结构数据上的实验结果与分析

本小节采用 10 组含有多结构数据的图像对来测试四种对比拟合方法(RANSAC、PROSAC、T-linkage 和 SDF)拟合单应性和基础矩阵的性能。表 7.2 采用 Sampson 距离来量化和评估拟合误差(这里只评估不同方法在一小时内得到的拟合结果)，并报告 CPU 运行时间。对于 RANSAC、PROSAC 和 T-linkage，因为它们属于随机算法，故对每个实验重复运行

50 次，计算其平均值。此外，还将 SDF 获得的拟合结果显示在图 7.10 中，并同时列出每个数据集的内点比例和输入匹配对的数量。

表 7.2　四种拟合方法在 10 组含有多结构数据的真实图像上的拟合性能比较：拟合误差均值和 CPU 运行时间

估计种类	数据集	误差均值/%				时间/s			
		RANSAC	PROSAC	T-linkage	SDF	RANSAC	PROSAC	T-linkage	SDF
单应性估计	Oldclassicswing	1.26	2.73	**1.02**	1.03	(1.33)	(2.76)	(62.21)	(0.84)
	Elderhalla	1.12	1.11	**1.09**	1.11	(57.70)	(33.25)	(23.96)	(0.72)
	Sene	0.78	0.87	0.76	**0.75**	(11.15)	(19.37)	(30.91)	(0.46)
	MC3	3.76	×	3.75	**3.73**	(3.83)	(>3600)	(1508.62)	(1.96)
	4B	1.55	1.48	**1.36**	1.47	(3.22)	(7.84)	(233.02)	(1.51)
基础矩阵估计	Cubechips	0.04	0.09	**0.03**	**0.03**	(20.53)	(20.92)	(45.05)	(0.64)
	Breadtoycar	0.80	0.22	0.13	**0.11**	(21.08)	(21.39)	(22.94)	(0.54)
	Breadcubechips	0.41	0.29	0.12	**0.10**	(23.96)	(23.92)	(31.84)	(0.61)
	Cubebreadtoychips	0.09	0.47	0.11	**0.07**	(37.18)	(37.81)	(53.38)	(0.71)
	Breadcartoychips	4.13	6.78	0.13	**0.04**	(27.71)	(27.97)	(33.88)	(0.63)

1. 单应性估计

从图 7.10(a)～7.10(e)和表 7.2 中可以看到，RANSAC 在五组数据中均能取得较低的拟合误差，但其计算速度要比 SDF 慢得多。这个结果在内点比例较低的图像对上会更加明显。比如，SDF 在“Elderhalla”的拟合速度要比 RANSAC 快大约 80.1 倍。PROSAC 成功地拟合五组数据中的四组数据，但其对于“MC3”在一个小时内无法成功地采样到非退化的数据子集。T-linkage 能够在五组数据中的三组数据取得最低的拟合误差，但其计算时间复杂度比较高。匹配对的数目可以较大影响到 T-linkage 的拟合时间，其中，SDF 在“MC3”的拟合速度比 T-linkage 快大约 769.7 倍。而在四种对比拟合方法中，SDF 对所有五组数据的拟合速度都是最快的：SDF 比 RANSAC 快大约 1.6～80.1 倍，比 PROSAC 快大约 3.2 倍至三个数量级，比 T-linkage 快大约一至两个数量级。

2. 基础矩阵估计

从图 7.10(f)～7.10(j)和表 7.2 中可以看到，RANSAC 和 PROSAC 在五组数据中均需要比较多的运行时间才能达到收敛条件。这主要有以下

内点比例：18.73%和48.81%
(a) Oldclassicswing(379个匹配对：两个结构)

内点比例：17.76%和21.50%
(b) Elderhalla(214个匹配对：两个结构)

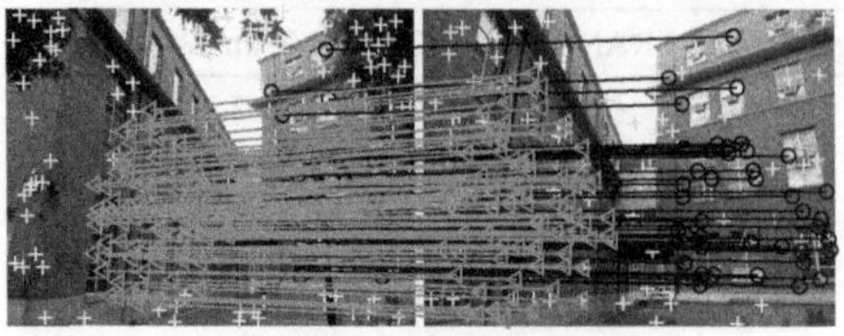

内点比例：18.40%和34.40%
(c) Sene(250个匹配对：两个结构)

内点比例：28.17%,28.17%和28.17%
(d) MC3(1775个匹配对：三个结构)

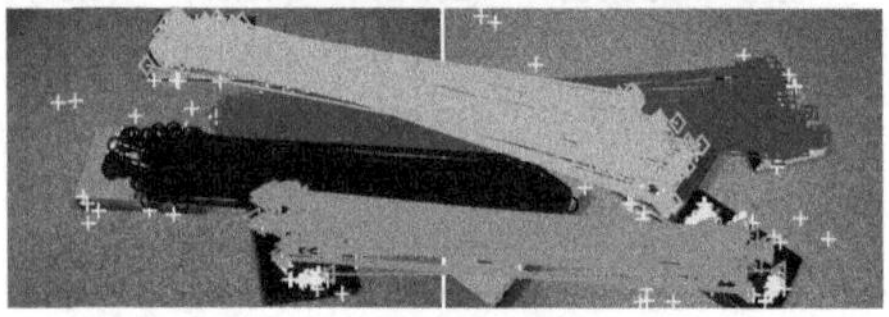

内点比例：15.70%,16.09%,17.50%和29.73%
(e) 4B(777个匹配对：四个结构)

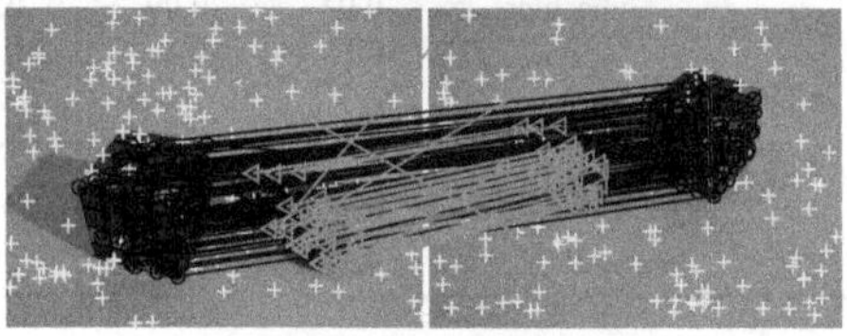

内点比例：20.07%和29.58%
(f) Cubechips(284个匹配对：两个结构)

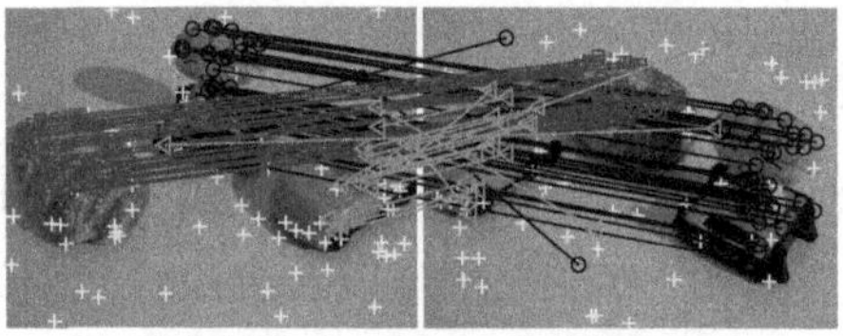

内点比例：20.48%,23.49%和22.29%
(g) Breadtoycar(166 个匹配对：三个结构)

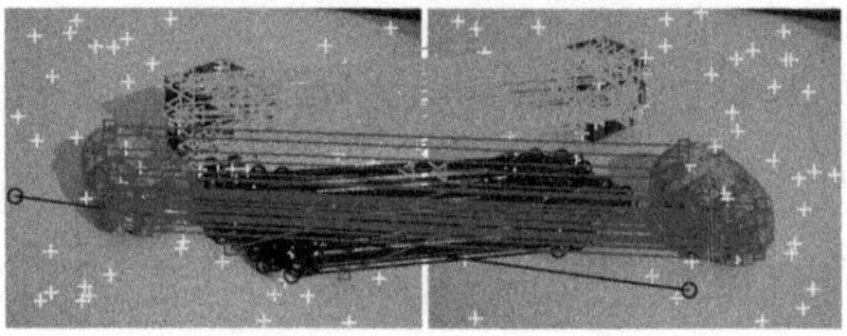

内点比例：14.78%,24.78%和25.22%
(h) Breadcubechips(230个匹配对：三个结构)

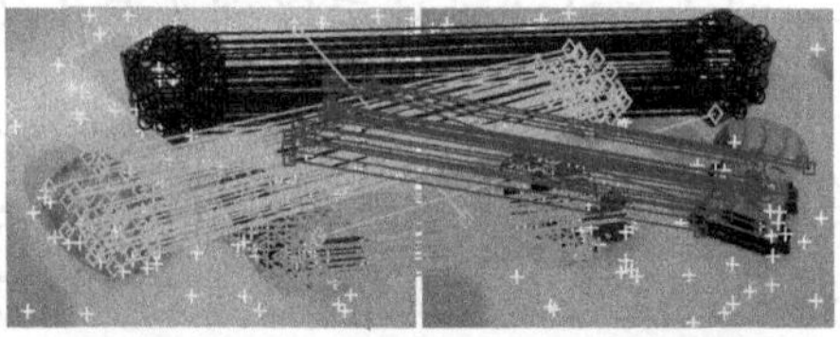

内点比例：11.62%,14.98%,21.71%和24.77%
(i) Cubebreadtoychips(327个匹配对：四个结构)

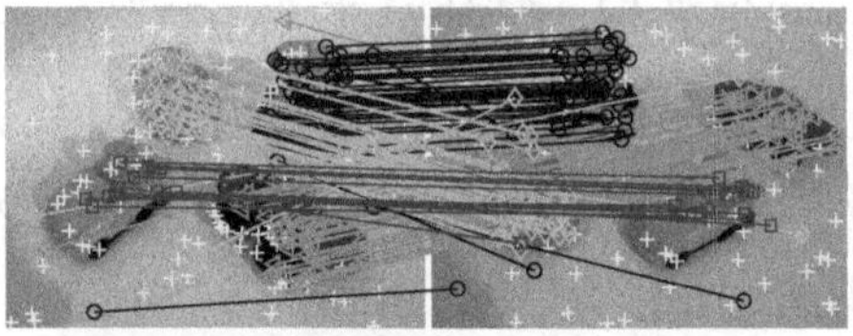

内点比例：9.70%,13.92%,17.30%和24.47%
(j) Breadcartoychips(237个匹配对：四个结构)

图 7.10　在 10 个含有多结构数据的图像对上的拟合示例。(a)～(e)表示 SDF 估计单应性的拟合结果。(f)～(j)表示 SDF 估计基础矩阵的拟合结果。此外，本书还列出每个图像对中每个模型实例的内点比例，模型实例的个数和匹配对的总数

两点原因：一是基础矩阵的采样数据子集需要更多的匹配对才能生成一个模型假设，从而使得每个数据子集采样到的匹配对均是模型实例的内点概率较低，进一步导致需要采样更多的数据子集才能覆盖到所有模型

实例；二是这两种拟合算法需要更多的迭代才能使得获得的拟合结果趋于稳定。T-linkage 在处理多结构数据上比较有优势。其在所有五组数据上均能够取得比 RANSAC 和 PROSAC 更低的拟合误差。然而，SDF 在所有五组数据上能够取得四种拟合方法中最低的拟合误差，而且在拟合速度方面比其他三种对比拟合方法更有优势。其中，比 RANSAC 快大约 32.1～52.3 倍，比 PROSAC 快大约 32.7～53.3 倍，比 T-linkage 快大约 42.5～75.2 倍。整体上，实验结果表明，SDF 能够有效地拟合多结构数据。

7.4 本 章 小 结

本章提出了一种简单有效的确定性拟合算法——SDF。SDF 通过超像素分割将特征表观含有的先验信息引入到模型拟合问题中。超像素能够提供丰富的匹配对分组信息。基于此，SDF 进一步结合匹配分数的特征，以快速地生成高质量的模型假设集。此外，SDF 还包含了一种新型的模型选择策略。该模型选择策略充分地利用生成的模型假设的一些特性，能够快速地拟合出数据集中的所有模型实例。SDF 有效地将采样算法与模型选择策略相结合，从而能够确定性地处理模型拟合问题。

相比基于随机性的拟合方法(RANSAC 和 T-linkage)，SDF 能够确定性地生成高质量的模型假设集。相比基于特征表观的拟合方法(PROSAC)，SDF 在拟合准确性和计算速度上均有明显的优势。相比确定性拟合方法(BnB[115]和 Astar[59])，SDF 的计算速度更快，且在拟合准确性上也可以获得不错的结果。

参 考 文 献

[1] Rodriguez A, Laio A. Clustering by fast search and find of density peaks[J]. Science, 2014, 344(6191): 1492–1496.

[2] Wong H S, Chin T J, Yu J, et al. Dynamic and hierarchical multi-structure geometric model fitting[C]. IEEE International Conference on Computer Vision, Barcelona, 2011.

[3] Pham T T. Robust estimation in computer vision: Optimisation methods and applications[D]. Adelaide: The University of Adelaide, 2014.

[4] Wong H S. A preference analysis approach to robust geometric model fitting in computer vision[D]. Adelaide: The University of Adelaide, 2013.

[5] Se S, Jasiobedzki P. Photo-realistic 3D model reconstruction[C]. IEEE International Conference on Robotics and Automation, Orlando, 2006.

[6] Izadi S, Kim D, Hilliges O, et al. KinectFusion: Real-time 3D reconstruction and interaction using a moving depth camera[C]. ACM Symposium on User Interface Software and Technology, Period, 2011.

[7] Cheng L, Gong J Y, Li M C, et al. 3D building model reconstruction from multi-view aerial imagery and lidar data[J]. Photogrammetric Engineering & Remote Sensing, 2011, 77(2): 125–139.

[8] Bláha M, Vogel C, Richard A, et al. Large-scale semantic 3D reconstruction: An adaptive multi-resolution model for multi-class volumetric labeling[C]. IEEE Conference on Computer Vision and Pattern Recognition, Las Vegas, 2016.

[9] Jiang N J, Lin D, Do M N, et al. Direct structure estimation for 3D reconstruction[C]. IEEE Conference on Computer Vision and Pattern Recognition, Boston, 2015.

[10] Busse L M, Orbanz P, Buhmann J M. Cluster analysis of heterogeneous rank data[C]. International Conference on Machine Learning, Oregon, 2007.

[11] Gao J H, Kim S J, Brown M S. Constructing image panoramas using dual-homography warping[C]. IEEE Conference on Computer Vision and Pattern Recognition, Denver, 2011.

[12] Zaragoza J, Chin T J, Brown M S, et al. As-projective-as-possible image stitching with moving DLT[J]. IEEE Transactions on Pattern Analysis and Machine Intelligence, 2014, 36(7):1285–1298.

[13] Di H J, Shi Q X, Lv F, et al. Contour flow: Middle-level motion estimation by combining motion segmentation and contour alignment[C]. IEEE International Conference on Computer Vision, Santiago, 2015.

[14] Li S, Li K, Fu Y. Temporal subspace clustering for human motion segmentation[C]. IEEE International Conference on Computer Vision, Santiago, 2015.

[15] Schonberger J L, Berg A C, Frahm J M. Paige: Pairwise image geometry encoding for improved

efficiency in structure-from-motion[C]. IEEE Conference on Computer Vision and Pattern Recognition, Boston, 2015.

[16] Crocco M, Rubino C, Del B A. Structure from motion with objects[C]. IEEE Conference on Computer Vision and Pattern Recognition, Las Vegas, 2016.

[17] Schönberger J L, Frahm J M. Structure-from-motion revisited[C]. IEEE Conference on Computer Vision and Pattern Recognition, Las Vegas, 2016.

[18] Rabin J L, Delon J L, Gousseau Y, et al. MAC-RANSAC: A robust algorithm for the recognition of multiple objects[C]. International Symposium on 3D Data Processing, Visualization and Transmission, Paris, 2010.

[19] Papazov C, Burschka D. An efficient RANSAC for 3D object recognition in noisy and occluded scenes[C]. Asian Conference on Computer Vision, Queenstown, 2010.

[20] Yan J J, Yu Y N, Zhu X Y, et al. Object detection by labeling superpixels[C]. IEEE Conference on Computer Vision and Pattern Recognition, Boston, 2015.

[21] Kong T, Yao A B, Chen Y, et al. HyperNet: Towards accurate region proposal generation and joint object detection[C]. IEEE Conference on Computer Vision and Pattern Recognition, Las Vegas, 2016.

[22] Mittal S, Anand S, Meer P. Generalized projection-based m-estimator[J]. IEEE Transactions on Pattern Analysis and Machine Intelligence, 2012, 34(12): 2351–2364.

[23] Magri L C, Fusiello A. Fusiello. T-Linkage: A continuous relaxation of J-Linkage for multi-model fitting[C]. IEEE Conference on Computer Vision and Pattern Recognition, Columbus, 2014.

[24] Raguram R, Chum O, Pollefeys M, et al. USAC: A universal framework for random sample consensus[J]. IEEE Transactions on Pattern Analysis and Machine Intelligence, 2013, 35(8): 2022–2038.

[25] Fredriksson J, Larsson V, Olsson C. Practical robust two-view translation estimation[C]. IEEE Conference on Computer Vision and Pattern Recognition, Boston, 2015.

[26] Stewart C V. Bias in robust estimation caused by discontinuities and multiple structures[J]. IEEE Transactions on Pattern Analysis and Machine Intelligence, 1997, 19(8): 818–833.

[27] Fischler M A, Bolles R C. Random sample consensus: A paradigm for model fitting with applications to image analysis and automated cartography[J]. Communications of the ACM, 1981, 24(6): 381–395.

[28] Chen H F, Meer P. Robust regression with projection based M-estimators[C]. IEEE International Conference on Computer Vision, Nice, 2003.

[29] Isack H, Boykov Y. Energy-based geometric multi-model fitting[J]. International Journal of Computer Vision, 2012, 97(2): 123–147.

[30] Pham T T, Chin T J, Yu J, et al. The random cluster model for robust geometric fitting[J]. IEEE Transactions on Pattern Analysis and Machine Intelligence, 2014, 36(8): 1658–1671.

[31] Hartley R, Zisserman A. Multiple View Geometry in Computer Vision[M]. Cambridge: Cambridge University Press, 2003.

[32] Sattler T, Leibe B, Kobbelt L. SCRAMSAC: Improving RANSAC's efficiency with a spatial

consistency filter[C]. IEEE International Conference on Computer Vision, Kyoto, 2009.
[33] Kanazawa Y, Kawakami H. Detection of planar regions with uncalibrated stereo using distributions of feature points[C]. British Machine Vision Conference, Kingston, 2004.
[34] Ni K, Jin H L, Dellaert F. Groupsac: Efficient consensus in the presence of groupings[C].IEEE International Conference on Computer Vision, Kyoto, 2009.
[35] Lowe D G. Distinctive image features from scale-invariant keypoints[J]. International Journal of Computer Vision, 2004, 60(2): 91–110.
[36] Mikolajczyk K, Schmid C. A performance evaluation of local descriptors[J]. IEEE Transactions on Pattern Analysis and Machine Intelligence, 2005, 27(10): 1615–1630.
[37] Brahmachari A S, Sarkar S. Hop-diffusion Monte Carlo for epipolar geometry estimation between very wide-baseline images[J]. IEEE Transactions on Pattern Analysis and Machine Intelligence, 2013, 35(3): 755–762.
[38] Chum O, Matas J. Matching with PROSAC-progressive sample consensus[C]. IEEE Conference on Computer Vision and Pattern Recognition, San Diego, 2005.
[39] Chum O, Matas J, Kittler J. Locally optimized RANSAC[C]. Annual Pattern Recognition Symposium of the German Association for Pattern Recognition, Berlin, 2003.
[40] Jaberi M, Pensky M, Foroosh H. SWIFT: Sparse withdrawal of inliers in a first trial[C]. IEEE Conference on Computer Vision and Pattern Recognition, Boston, 2015.
[41] Chin T J, Yu J, Suter D. Accelerated hypothesis generation for multistructure data via preference analysis[J]. IEEE Transactions on Pattern Analysis and Machine Intelligence, 2012, 34(4): 625–638.
[42] Wang H Z, Suter D. Robust adaptive-scale parametric model estimation for computer vision[J]. IEEE Transactions on Pattern Analysis and Machine Intelligence, 2004, 26(11): 1459–1474.
[43] Wang H Z, Suter D. MDPE: A very robust estimator for model fitting and range image segmentation[J]. International Journal of Computer Vision, 2004, 59(2): 139–166.
[44] Pham T T, Chin T J, Schindler K, et al. Interacting geometric priors for robust multi-model fitting[J]. IEEE Transactions on Image Processing, 2014, 12(10): 4601–4610.
[45] Woodford O J, Pham M T, Maki A, et al. Contraction moves for geometric model fitting[C]. European Conference on Computer Vision, Florence, 2012.
[46] Hough P V. Method and means for recognizing complex patterns[P]. US Patent 3, 069, 654. 1962.
[47] Xu L, Oja E, Kultanen P. A new curve detection method: Randomized Hough transform[J]. Pattern Recognition Letters, 1990, 11(5): 331–338.
[48] Wang H Z, Chin T J, Suter D. Simultaneously fitting and segmenting multiple-structure data with outliers[J]. IEEE Transactions on Pattern Analysis and Machine Intelligence, 2012, 34(6): 1177–1192.
[49] Magri L, Fusiello A. Multiple model fitting as a set coverage problem[C]. IEEE Conference on Computer Vision and Pattern Recognition, Las Vegas, 2016.
[50] Chin T J, Wang H Z, Suter D. Robust fitting of multiple structures: The statistical learning approach[C]. IEEE International Conference on Computer Vision, Kyoto, 2009.

[51] Chin T J, Wang H Z, Suter D. The ordered residual kernel for robust motion subspace clustering[C]. Advances in Neural Information Processing Systems, Vancouver, 2009.

[52] Toldo R, Fusiello A. Robust multiple structures estimation with j-linkage[C]. European Conference on Computer Vision, Marseille, 2008.

[53] Parag T, Elgammal A. Supervised hypergraph labeling[C]. IEEE Conference on Computer Vision and Pattern Recognition, Denver, 2011.

[54] Jain S, Govindu V M. Efficient higher-order clustering on the grassmann manifold[C]. IEEE International Conference on Computer Vision, Sydney, 2013.

[55] Liu H R, Yan S C. Efficient structure detection via random consensus graph[C]. IEEE Conference on Computer Vision and Pattern Recognition, Providence, 2012.

[56] Ochs P, Brox T. Higher order motion models and spectral clustering[C]. IEEE Conference on Computer Vision and Pattern Recognition, Providence, 2015.

[57] Purkait P, Chin T J, Ackermann H, et al. Clustering with hypergraphs: The case for large hyperedges[C]. European Conference on Computer Vision, 2014, 672–687.

[58] Pham T T, Chin T J, Yu J, et al. The random cluster model for robust geometric fitting[C]. IEEE Conference on Computer Vision and Pattern Recognition, Providence, 2015.

[59] Chin T J, Purkait P, Eriksson A, et al. Suter efficient globally optimal consensus maximisation with tree search[C]. IEEE Conference on Computer Vision and Pattern Recognition, Boston, 2015.

[60] Litman R, Korman S, Bronstein A, et al. Inverting RANSAC: Global model detection via inlier rate estimation[C]. IEEE Conference on Computer Vision and Pattern Recognition, Boston, 2015.

[61] Lee K M, Meer P, Park R H. Robust adaptive segmentation of range images[J]. IEEE Transactions on Pattern Analysis and Machine Intelligence, 1998, 20(2): 200–205.

[62] Bab-Hadiashar A, Suter D. Robust segmentation of visual data using ranked unbiased scale estimate[J]. Robotica, 1999, 17(6): 649–660.

[63] Wang H Z, Suter D. Robust fitting by adaptive-scale residual consensus[C]. European Conference on Computer Vision, Prague, 2004.

[64] Bandera A, Pérez-Lorenzo J M, Bandera J, et al. Mean shift based clustering of Hough domain for fast line segment detection[J]. Pattern Recognition Letters, 2006, 27(6): 578–586.

[65] Wang Z G, Yu C W, Cheung R C, et al. Hypergraph based geometric biclustering algorithm[J]. Pattern Recognition Letters, 2012, 33(12): 1656–1665.

[66] Cho M, Lee K M. Mode-seeking on graphs via random walks[C]. IEEE Conference on Computer Vision and Pattern Recognition, Providence, 2015.

[67] Comaniciu D, Meer P. Mean shift: A robust approach toward feature space analysis[J]. IEEE Transactions on Pattern Analysis and Machine Intelligence, 2002, 24(5): 603–619.

[68] Liu H R, Yan S C. Robust graph mode seeking by graph shift[C]. International Conference on Machine Learning, Haifa, 2010.

[69] Sheikh Y A, Khan E A, Kanade T. Mode-seeking by medoid-shifts[C]. IEEE International Conference on Computer Vision, Rio de Janeiro, 2007.

[70] Vojir T, Noskova J, Matas J. Robust scale-adaptive mean-shift for tracking[J]. Pattern Recognition Letters, 2014, 49(1): 250–258.

[71] Critchlow D E. Metric Methods for Analyzing Partially Ranked Data[M]. Berlin: Springer, 2012.

[72] Marden J I. Analyzing and Modeling Rank Data[M]. New York: CRC Press, 1996.

[73] Wong H S, Chin T J, Yu J, et al. Mode seeking over permutations for rapid geometric model fitting[J]. Pattern Recognition, 2013, 46(1): 257–271.

[74] Wong H S, Chin T J, Yu J, et al. A simultaneous sample-and-filter strategy for robust multi-structure model fitting[J]. Computer Vision and Image Understanding, 2013, 117(12): 1755–1769.

[75] Wechsler H, Kidode M. A random walk procedure for texture discrimination[J]. IEEE Transactions on Pattern Analysis and Machine Intelligence, 1979, 1(3): 272–280.

[76] Wand M, Jones M. Kernel Smoothing[M]. New York: Chapman and Hall, 1994.

[77] Bishop C M. Pattern Recognition and Machine Learning[M]. Berlin: Springer, 2006.

[78] Ferraz L, Felip R, Martínez B, et al. A density-based data reduction algorithm for robust estimators[C]. Pattern Recognition and Image Analysis, Valparaiso, 2007.

[79] Shannon C E. A mathematical theory of communication[J]. ACM Sigmobile Mobile Computing and Communications Review, 2001, 5(1): 53–55.

[80] Raguram R, Frahm J M, Pollefeys M. Exploiting uncertainty in random sample consensus[C]. IEEE International Conference on Computer Vision, Kyoto, 2009.

[81] Frahm J M, Pollefeys M. RANSAC for (quasi-) degenerate data (QDEGSAC)[C]. IEEE Conference on Computer Vision and Pattern Recognition, New York, 2006.

[82] Pu L, Faltings B. Hypergraph learning with hyperedge expansion[C]. Machine Learning and Knowledge Discovery in Databases, 2012.

[83] Bulo S R, Pelillo M. A game-theoretic approach to hypergraph clustering[C]. Advances in Neural Information Processing Systems, Vancouver, 2009.

[84] Zhou D Y, Huang J Y, Schölkopf B. Learning with hypergraphs: Clustering, classification, embedding[C]. Advances in Neural Information Processing Systems, Vancouver, 2007.

[85] Shi J B, Malik J. Normalized cuts and image segmentation[J]. IEEE Transactions on Pattern Analysis and Machine Intelligence, 2000, 22(8): 888–905.

[86] Yu J, Tao D C, Wang M. Adaptive hypergraph learning and its application in image classification[J]. IEEE Transaction on Image Processing, 2012, 21(7): 3262–3272.

[87] Huang Y C, Liu Q S, Lv F J, et al. Unsupervised image categorization by hypergraph partition[J]. IEEE Transactions on Pattern Analysis and Machine Intelligence, 2011, 33(6): 1266–1273.

[88] Ng A Y, Jordan M I, Weiss Y. On spectral clustering analysis and an algorithm[C]. Advances in Neural Information Processing Systems, Vancouver, 2001.

[89] Zelnik-Manor L H, Perona P. Self-tuning spectral clustering[C]. Advances in Neural Information Processing Systems, Vancouver, 2004.

[90] Tennakoon R W, Bab-Hadiashar A, Cao Z W, et al. Robust model fitting using higher than

minimal subset sampling[J]. IEEE Transactions on Pattern Analysis and Machine Intelligence, 2015, 37(9): 1–14.

[91] Tron R, Vidal R. A benchmark for the comparison of 3D motion segmentation algorithms[C]. IEEE Conference on Computer Vision and Pattern Recognition, Minneapolis, 2007.

[92] Delong A, Osokin A, Isack H N, et al. Fast approximate energy minimization with label costs[J]. International Journal of Computer Vision, 2012, 96(1): 1–27.

[93] Yu J, Chin T J, Suter D. A global optimization approach to robust multi-model fitting[C]. IEEE Conference on Computer Vision and Pattern Recognition, Colorado, 2011.

[94] Elhamifar E, Vidal R. Sparse subspace clustering: Algorithm, theory, applications[J]. IEEE Transactions on Pattern Analysis and Machine Intelligence, 2013, 35(11): 2765–2781.

[95] Xiao G B, Wang H Z, Lai T T, et al. Hypergraph modelling for geometric model fitting[J]. Pattern Recognition, 2016, 60(1): 748–760.

[96] Subbarao R, Meer P. Nonlinear mean shift over Riemannian manifolds[J]. International Journal of Computer Vision, 2009, 84(1): 1–20.

[97] Xiao G B, Wang H Z, Yan Y, et al. Mode seeking on graphs for geometric model fitting via preference analysis[J]. Pattern Recognition Letter, 2016, 83(1): 294–302.

[98] Tanimoto T. Internal report: IBM technical report series[R]. New York: IBM, 1957.

[99] Wang H Z, Xiao G B, Yan Y, et al. Mode-seeking on hypergraphs for robust geometric model fitting[C]. IEEE International Conference on Computer Vision, Santiago, 2015.

[100] Canny J. A computational approach to edge detection[J]. IEEE Transactions on Pattern Analysis and Machine Intelligence, 1986, 8(6): 679–698.

[101] Nasuto D, Craddock J B R. NAPSAC: High noise, high dimensional robust estimation[C]. British Machine Vision Conference, Cardiff, 2002.

[102] Lai T T, Wang H Z, Yan Y, et al. A unified hypothesis generation framework for multi-structure model fitting[J]. Neurocomputing, 2017, 222(26): 144–154.

[103] Xiao G B, Wang H Z, Yan Y, et al. Superpixel-based two-view deterministic fitting for multiple-structure data[C]. European Conference on Computer Vision, Amsterdam, 2016.

[104] Pham T T, Chin T J, Yu J, et al. Simultaneous sampling and multi-structure fitting with adaptive reversible jump MCMC[C]. Advances in Neural Information Processing Systems, Granada, 2011.

[105] Subbarao R, Meer P. Subspace estimation using projection based m-estimators over Grassmann manifolds[C]. European Conference on Computer Vision, Graz, 2006.

[106] Purkait P, Chin T J, Ackermann H, et al. Clustering with hypergraphs: The case for large hyperedges[J]. IEEE Transactions on Pattern Analysis and Machine Intelligence, 2017, 39(9): 1697–1711.

[107] Magri L, Fusiello A. Multiple structure recovery via robust preference analysis[J]. Image and Vision Computing, 2017, 67: 1–15.

[108] Deerwester S, Dumais S T, Furnas G W, et al. Indexing by latent semantic analysis[J]. Journal of the American Society for Information Science, 1990, 41(6): 391–407.

[109] Torr P H, Murray D W. The development and comparison of robust methods for estimating

the fundamental matrix[J]. International Journal of Computer Vision, 1997, 24(3): 271–300.
[110] MacQueen J. Some methods for classification and analysis of multivariate observations[C]. Proceedings of Berkeley Symposium on Mathematical Statistics and Probability, Berkeley, 1967.
[111] Ester M, Kriegel H P, Sander J, et al. A density-based algorithm for discovering clusters in large spatial databases with noise[C]. Proceedings of the Second International Conference on Knowledge Discovery and Data Mining (KDD-96), Oregon, 1996.
[112] Li Z W, Cheong L F, Zhou S Z Y. SCAMS: Simultaneous clustering and model selection[C]. IEEE Conference on Computer Vision and Pattern Recognition, Columbus, 2014.
[113] Isack H, Boykov Y. Energy based multi-model fitting & matching for 3D reconstruction[C]. IEEE Conference on Computer Vision and Pattern Recognition, Columbus, 2014.
[114] Lee K H, Lee S W. Deterministic fifitting of multiple structures using iterative MaxFS with inlier scale estimation[C]. IEEE International Conference on Computer Vision, Washington D.C., 2013.
[115] Li H D. Consensus set maximization with guaranteed global optimality for robust geometry estimation[C]. IEEE International Conference on Computer Vision, Kyoto, 2009.
[116] Hart P E, Nilsson N J, Raphael B. A formal basis for the heuristic determination of minimum cost paths[J]. IEEE Transactions on Systems Science and Cybernetics, 1968, 4(2): 100–107.
[117] Serradell E, Özuysal M, Lepetit V, et al. Combining geometric and appearance priors for robust homography estimation[C]. European Conference on Computer Vision, Heraklion, 2010.
[118] Achanta R, Shaji A, Smith K, et al. SLIC superpixels compared to state-of-the-art superpixel methods[J]. IEEE Transactions on Pattern Analysis and Machine Intelligence, 2012, 34(11): 2274–2282.
[119] Kohli P, Ladicky L, Torr P. Robust higher order potentials for enforcing label consistency[J]. International Journal of Computer Vision, 2009, 82(3): 302–324.
[120] Shen J B, Du Y F, Wang W G, et al. Lazy random walks for superpixel segmentation[J]. IEEE Transaction on Image Processing, 2014, 23(4): 1451–1462.
[121] Tran Q H, Chin T J, Chojnacki W, et al. Sampling minimal subsets with large spans for robust estimation[J]. International Journal of Computer Vision, 2014, 106(1): 93–112.
[122] Vincent E, Laganiére R. Detecting planar homographies in an image pair[C]. International Symposium on Image and Signal Processing and Analysis, Pula, 2001.